突破

钮勤章 / 著

成都时代出版社
CHENGDU TIMES PRESS

图书在版编目（CIP）数据

突破 / 钮勤章著 . -- 成都 : 成都时代出版社，
2024. 11. --ISBN 978-7-5464-3537-4

Ⅰ. B848.4–49

中国国家版本馆 CIP 数据核字第 2024T1U636 号

突破
TUPO

钮勤章　著

出 品 人	达　海
责任编辑	黄　英
责任校对	李　林
责任印制	黄　鑫　曾译乐
封面设计	荆棘设计
版式设计	范　磊

出版发行	成都时代出版社
电　　话	（028）86785923（编辑部）
	（028）86615250（发行部）
印　　刷	三河市宏顺兴印刷有限公司
规　　格	165mm × 235mm
印　　张	9
字　　数	145千字
版　　次	2024年11月第1版
印　　次	2024年11月第1次印刷
印　　数	1–20000
书　　号	ISBN 978-7-5464-3537-4
定　　价	68.00元

在人生的道路上，我们时常会遇到各种挑战和障碍。这些挑战和障碍看似无法逾越，实则只是因为我们缺乏突破自我的勇气和决心。突破自我，意味着要超越自身的限制，需要执着和无畏、勇敢和坚毅，需要非凡的远见。只要你能够突破自我的"设限"，勇于打破它，便可以超越困难，突破阻挠，实现自己的愿望。正如攀登山峰时，若只看脚下，害怕陡峭的山崖，就会畏首畏尾；如果能将目光看向整个山脉，就会领略到震撼人心的雄壮，体会到"会当凌绝顶，一览众山小"的豪情。

突破需要激发内在的潜能，不断地挑战自己，需要走出未知的阴影，去拥抱希望。

"从 0 到 1"是突破，"从 1 到 N"是跨越，经历了"0"的起点、"1"的成长与"N"的奔赴，便能走出一个个低谷、翻越一座座山峰！

斯蒂芬·威廉·霍金，一个患有肌肉萎缩性侧索硬化症的科学家，他的生活充满了困难和挑战。然而，他并没有被困难打败，而是通过自己的努力，成为世界上最杰出的物理学家之一。他的故事激励了这个世界上许多的人，成为无数人的榜样，让人们相信，只要有决心和勇气，就能够战胜困难。

精彩的人生大都是从突破中而来的，过于平静的湖怎么都不如波涛汹涌的大海来得让人振奋。很多人觉得自己的人生像一潭死水，以至于做什么都提不起精神，他们把突破想象得很难，其实人生的突破并不难，只要今天的你超越了昨天的你，哪怕只是一点点的进步也是一种突破和成功。

千里之行始于足下，不积跬步无以至千里。我们的每一次成功都离不开曾经一点一滴的汗水，没有谁的成功是一蹴而就的，都是一步一个脚印慢慢走出来的。

大海汇聚了千万条溪流；沙漠容纳了无数粒沙石……世间万物无一不是积少成多，人生亦如是，从牙牙学语到出口成章，从年少轻狂到稳重自持，从放荡不羁到有礼有节……所有的突破成长都是由每天一点点的努力改进累积而成的。

关于突破自我，需要从正视自己开始。这意味着，我们既不应自负，也应不自卑，而是要拥有一颗平和而灵活的心。桓宽曾言："明者因时而变，知者随事而制。"亭林先生也说："智者不袭常。"的确，智慧的人会根据时势的客观变化来制定相应的规则，他们注重守正创新、与时俱进，反对因循守旧、固步自封。这样的态度使他们能够适应不断变化的社会环境，保持竞争力。

总的来说，时代呼唤进取者，时代青睐突破者。一个人唯有不断进取，才能在这个风云变幻的社会中立足，他才不会在川流不息的人群中迷失自己的方向，也不会因似水流年匆匆而过而感到惋惜。

因此，让我们勇敢地面对挑战，在拼搏中激荡人生，在进取突破中实现自我升华吧！

Contents

目　录

第一部分
认知的突破：拓展认知的边界，找到更多的未知

第一章　了解认知边界，找到突破口 / 2

要清楚自我的认知边界 / 2

哪里有边界，哪里就有突破 / 5

在学习中寻找，在实践中精进 / 8

只有认知的突破，才会有真正的成长 / 11

第二章　边界是动态的，没有一劳永逸的突破 / 14

当你改变认知以后，决策就完全不同 / 14

认知不正确，坚持无意义 / 17

我知，我无知；越知，越无知 / 19

重塑自我认知，活出想要的人生 / 21

第二部分
方向的突破：打破定式，引体向上

第三章　内求诸己，突破自我的设限 / 24

志之难也，不在胜人，在自胜 / 24

拥有一个梦想，有 N 个理由去坚强 / 26

每一个不曾起舞的日子，都是对生命的辜负 / 28

敢于挑战自我，逼自己一把 / 30

第四章　外求拓展，自我突破，行而有得 / 33

纠正自恋行为，我们都是社会的一分子 / 33

赠人玫瑰之手，经久犹有余香 / 36

生存就要竞争，生活就要奋斗 / 38

练世情之常尤，识前修之所淑 / 40

第三部分
性质的突破：量变与质变的双重演绎

第五章　创新突破，从0到1的创造 / 44

人都应该有梦想，万一实现了呢 / 44

认准目标，不断尝试 / 47

善于在无路处找路 / 49

创基冰泮之上，立足枳棘之林 / 50

第六章　乘风破浪，从1到N的拓展 / 53

步步为营　踏浪而行 / 53

跟上伟大的时代，是做好自己的有效法则 / 55

因为优秀，所以难以卓越 / 57

把追求当作信仰 / 60

第四部分
路径的突破：模仿、创新与依赖、突破的逻辑辩证

第七章　天旋地转，万事开头难 / 64

凡事预则立，不预则废 / 64

学我者生，似我者亡 / 67

人生中最困难者，莫过于选择 / 69

第八章　寻找支点，从关键环节突破 / 71

只要思想不滑坡，办法总比困难多 / 71

找到支点，纲举目张，以点带面 / 74

做"一米宽、一万米深"的事 / 77

抓住关键环节，创建大格局 / 79

第五部分
瓶颈的突破：潜能的绽放与创造力的激发

第九章　迎难而上，巧于应对 / 84

突破"愚昧之巅"，跨越"绝望之谷" / 84

在行动中解决困难和问题 / 87

挣脱瓶颈，跳出天花板，别有洞天在远方 / 90

低头要有勇气，抬头要有底气 / 92

第十章　打破常规，不走寻常路 / 97

给自己设限的永远是自己 / 97

打破思维定式，获得突破奇效 / 100

创新的勇气，思想的力量 / 102

靠近光，追随光，成为光，散发光 / 104

第六部分
极限的突破：陷之死地而后生，置之死地而后存

第十一章　敢于挑战，善于冲击，勇往直前 / 108

被克服的困难就是胜利的契机 / 108

耐心和持久胜过激烈和狂热 / 112

辛勤的蜜蜂永远没有时间悲哀 / 116

持续朝着阳光走，影子就会躲在后面 / 118

第十二章　绝处逢生，车到山前必有路 / 121

人若有志，就不会在半坡停止 / 121

天空黑暗到一定程度，星辰就会熠熠生辉 / 124

常常是最后一把钥匙打开了门 / 127

除了胜利，我们已经无路可走 / 130

1

第一部分

认知的突破：

拓展认知的边界，
找到更多的未知

　　环境塑造人。人的差距，很多时候表现为认知上的差距。每个人所处的生活和工作环境以及成长环境，共同决定了其认知的边界。

　　很多问题，是可以通过提升自己的认知来解决的，当开始有这样的意识之后，就不会内耗，不会纠结。认知的突破，才是真正的成长。

第一章　了解认知边界，找到突破口

一个人，以出生地为圆心，以到达的最远的地方为半径，所画出来的圆，就是自己的认知范围。

从心理学角度来看，认知范围指的是一个人所能感知和理解的世界范围。

如果我们不能跨越自己的认知障碍，就没有办法发展创新，只能在自己的圈子里内卷。

如果某些依据本身就不正确，我们的所思所悟所得就无法保证其正确性。

我们说"选择比努力更重要"，不是说努力不重要，事实上，恰恰要经过不懈的努力，才有机会和能力去选择。

要清楚自我的认知边界

《学经》中说："蝶不知有寒冬，蚊难达高空，自身所限也。"意思是说，蝶是不知道有寒冬的，蚊子是很难到达高空的，是它们自身的认知和能力所限。

而"圣人无意，自显诸形"，世人解圣人之意，非圣人之本义，己意自显罢了。平凡人对圣人的揣度，自然有认知的局限，圣人之所以为圣人，是因为站得高、看得远，很多事情能看明白。

世上没有完全相同的两个人，而人与人之间最大的不同，就是认知的不同。这种认知的不同，不是指认知内容的不同，而是指认知边界的不同。比如面对同样的事物，不同的人看待它，理解的角度各有不同；即便是同一个人，在不同的时间，对同一件事情的看法也很可能不同。比如：十年后的你和十年前的你，看待同一件事情，理解看法可能已经完全不同。造成这些认知差异的原因，追根究底还是自我的认知边界产生了差异。诗圣杜甫登高望远，吟出"会当凌绝顶，一览众山小"，说明站立的位置和观察的视角发生了变化，这便是视角新、世界宽的道理。圣人与凡人的区别，就是因为看问题的视角不一样，当然其认知的边界不是凡人所能比拟的。明白这些，就能理解认知的差异会带来巨大影响，进而能很自然地理解蝶之所以为蝶、蚊之所以为蚊，圣人之所以无意了。

认知固然有它的边界，那是已有的知识、经验和没有的知识、经验的边界线。古希腊哲学家芝诺曾经说过："人的知识就好比一个圆圈，圆圈里面是已知的，圆圈外面是未知的。你知道得越多，圆圈也就越大，你不知道的也就越多。"这主要表明我们对世界、对社会、对人生、对未来的认知，一直受限在自己的认知边界里。

但要注意的是，这个圆是动态的，如果圆圈越大，已有的认知就越丰富。我们可以丰富自己的经历，不断参加学习锻炼，让自己的认知越来越丰富。

当下我们需要关注的是自己的认知边界是不是现存的、清晰的；是不是合适的、非控制性的或操纵性的；是不是坚固而灵活的，不是坚硬的、无法改变的；是不是具有保护性的，非伤害性的；是不是接受性的，非攻击性的；当然，还要考虑是为自我建立，而非为他人的。

现实中，我们的认知往往会夹杂着自己的想象，对于自我认知的边界是模糊的，甚至发生错误。所以，如果把话说得太满，用不确当的言辞表达出来，那么也就意味着把自身的局限性和内心的想象全部展现了出来。《尚书》里说的"满招损，谦受益"，《道德经》里说的"曲则全，枉则直，洼则盈，敝则新，少则得，多则惑"，都是教人要保持谦逊，要虚怀若谷。

　　考察一个人认知边界的合理性，可以从其所处的环境入手。环境虽不能决定一个人的思维判断，却能影响他的选择空间与理解能力。如同许多人不清楚自己的能力边界在哪里，所以很容易走向极端。要么极度自卑，对所有的挑战都望而却步；要么极度自负，行事冲动鲁莽、不计后果。其中很大程度上是被环境左右了他们的决策行为，干扰了他们的认知。

　　很久以前，有一群人为了一块金子抢得头破血流。其中一个人悄悄捡起他们身边的一块钻石，扬长而去。结果抢金子那帮人，死的死，伤的伤，而拿走钻石的那个人成了富翁。其实，那帮抢金子的人并非没有能力去抢钻石，而是他们的认知不够完整，他们不知道钻石比金子更值钱。我们每个人也一样，如果不清楚自己所处的环境，不懂得自己所处的环境给自己的认知边界带来了限制，常常遇到事情就会有困扰，不理解，不明白，甚至影响自己的情绪，影响工作和生活。

　　两千多年前的庄子对于认知边界有独特的见解："井蛙不可以语于海者，拘于虚也；夏虫不可以语于冰者，笃于时也；曲士不可以语于道者，束于教也。"这就是为何不可以和井底之蛙说大海的事情，因为它的眼界被井底这一狭小的空间所局限；不能和只活在夏天的虫子谈论冬天的冰，因为夏天的虫子被时间所局限；不能和孤陋寡闻的人谈论大道，因为他被所受的教育所局限。

　　认知的世界永无止境，改变都是从认知开始的，修行就是在修炼认知的高度、宽度、深度、长度。只有心存敬畏，才能吸纳更多，当你站在高山山顶的时候，四周都是下坡。

　　庄子是位譬喻大师，言近而旨远，往往通过说故事来传道。他告诉我们，一个人的认知，是有局限的；清楚自己的认知边界很重要，这是认识自我的关键。可是，现实纷繁芜杂，面对的是浩如烟海的信息世界，一个人的尺子，只能测量有限的距离，每个人都有自己的认知边界和知识边界。

　　每个人都生活在一定的时间和空间之内，其认知水平必然被时空所限。也就是说，环境对一个人的成长发展影响很大，基于此，我们先要改变自我的认知，就要从扩大自我的生活圈子开始。事实上，身边的人往往就是决定一个人的生活层次的重要因素。

　　如何扩展生活圈子，其实也是一门学问。一个长期生活在相对封闭的环境里的人，怎样突破自我认知？古人云，行万里路，读万卷书。我们是不是可以分开理解这句话？我们一时不能靠两条腿走遍天下，难道不能多读书提升自己的认知？走出来只是空间的移动，当然能带来认知的变化，但脚步不移、心向远方，不也是认知在发生改变吗？现在也有不少从小生长在偏远地区的年轻一代，身在偏僻的家乡，但利用网店走向全世界，日子红火了，家乡的经济也发展了，认知的改变，使生活发生了巨大的变化。

　　人的生命力在于创造，但是创造的动力还是来源于你所处的环境；从某种意义上来说，这个世界不存在绝对的创造，因为没有什么能够凭空产生的认知；你所处的环境构成了你的选择空间，而你选择什么，取决于你的认知。

哪里有边界，哪里就有突破

　　我们每个人获取的知识不同，认知范围也不同。一个人的认知范围的存在，就造成了认知边界的差异。边界客观存在，只是大小不同，性质各异。当然，一个人的认知边界是动态的，知识越活跃，边界越不确定。

　　现实中，当我们遇到难以理解的知识与事情时，就需要突破我们的认知边界；边界在哪里，突破就应该在哪里。有了突破，其认知的边界就更加广阔。为此，我们应当不断扩充我们的知识体系，更新我们的认知视觉，拓宽我们的认知范围，这样，不至于在我们遇到困境时，都不清楚处于怎样的困境，更别谈突破了。

就认知对象而言，我们对于世界的认知，就是我们全部的世界。每个人有自身的局限性，这是客观存在的。我们终其一生都在探究世界、发现世界，目的是促进我们认知的提升。要清楚，认知的提升不只是对一些新认知的认识和掌握，而是透过事物的现象探究发现事物的本质，是要通过觉性与悟性，还原或贴近客观世界与事物的本源，更全面地认识客观世界，从而让自己的认知变得更加清晰、更加适切。需要提醒的是，认知是动态的过程，随着阅历的提升、学习的进步，认知是能够由低层次向高层次不断循环上升的。一个人千万不要在低层次的认知中徘徊不前，那将会导致其在人生的道路上故步自封、无法前行。

所以，认知的边界与层次不能小觑，尤其是处于成长和发展阶段的年轻人，倘若因认知的缺陷失去了学习的动力，那么，很容易形成认知闭环，躺在信息茧房里生活，那就成了井底之蛙，永远走不出认知的边界。

商业人士常言：“你永远也赚不到自己认知范围之外的钱。”这句话深刻揭示了认知与财富之间的紧密联系。只有当我们的认识不断拓展，才能触及并抓住更多的获取财富机会。除非靠运气，但是凭运气赚到的钱，最后往往又会因实力不足而亏掉，这是一种必然的趋势。你所赚的每一分钱，都是你对这个世界认知的变现；而你所亏的每一分钱，都是你对这个世界的认知缺陷造成的后果。

我们知道，这个世界努力的人很多，但是成功的人不多；而成功的人

> 从一定意义上来说，人类文明的拓展，就是一次次重构边界、扩展边界的过程。对个体来说，要想实现人生价值的飞跃，就需要注重对边界的突破与拓展。

通常都有一种共性，那就是他们打破了一般人的认知边界，以独特的存在在商业之路上所向披靡。

就财富来说，财富与认知的均衡搭配是这个世界的客观规律。当一个人的财富大于自己认知的时候，他往往会遇到很多被收割的情形，直到其认知和财富相互匹配为止；反之亦然。也就是自己的认知要配得上自己所拥有的财富。现实中，不少人说自己突然悟了，其实这是他们在开始建立自己的新认知。能建立自己的新认知并且为之坚守的人，才真正具备了认知变现的基础。

现在，有一些年轻人想着通过理财让自己的财富升值，这是很好的事情；但是，理财有风险，不是简单买进卖出，理财需要具备一定的金融知识。所以，并不是你不理财，财不理你；而是你懂理财，财才来理你。当我们在考虑如何让财富升值的时候，首先应该去学习相关的理财知识，提升自己的理财认知体系。通过提升相关的认知，形成技能，获得经验，而不是仅仅靠运气。

认知层次的提升非常重要，但层次与能力不匹配更为危险。据说，一位新员工入职华为技术有限公司，在缺乏实操经验的情况下，就写了一封"万言书"，历数华为的弊端并提出改进措施，却因缺乏可行性和落脚点被任正非严厉批评。这就是眼高手低的例子，幻想超越经验丰富的老将，实则空谈无实质意义。

电影《让子弹飞》中汤师爷有句台词："酒得一口一口喝，路得一步一步走。"初生牛犊不畏虎的勇气固然很好，可是想要一步登天、急于求成的心理在职场中是不可取的。

与上面所提"万言书"相反情形的是，华为又有一位新员工也写了一封"千里奔华为"的万言书，其中也列出了华为公司的一些弊端和改进措施。

这封万言书同样送到了任正非手上，任正非读后大加赞赏，立即给这份报告批示："这份报告从不同的侧面反映了公司存在的问题，也反映了新员工从他们所处的角度对公司的了解，并提出善意的批评和建议。这是从新员工身上表现出来的主人翁意识，难能可贵。"

当我们遇到这两类员工：一个不了解事实或者根本都不清楚公司企业未来发展的方向就夸夸其谈；另一个则是在实际工作中，通过自己的切身感受来提出意见。我们会更喜欢哪一个？推心置腹地想一想，员工提建议很好，只是要明白为什么要提建议，怎么提建议。

的确，每个人都会被自己的认知所局限：高层次被高层次局限，低层次被低层次局限。同样的一件事，不一样的认知，带来不一样的结果。如果我们不能跨越自己的认知障碍，就没办法发展创新，只能在自己的圈子里内卷。如果认知的层次与能力不匹配，又很容易陷入好大喜"空"的误区，就会欲速不达、半途而废。

所以，要善于借鉴，他山之石，可以攻玉；要整合资源，虚心接纳更多的认知，时刻保持学习的心态，来突破自我认知的局限。很多成功的方式，与其说是"高维"打"低维"，不如说打的是不同维度的认知差。

在学习中寻找，在实践中精进

通常而言，人有两次生命：一次是生物学范畴的肉体出生，一次是社会学范畴的认知觉醒。社会学意义的人的生命成长，才是人的本质。这一本质之核心，在于认知的成长。认知从觉醒到走向更高的层次，需要一个漫长的过程，这一过程的认知在哪个层级，你的人生就处在什么状态。

从社会学意义上来定义人的生命成长，实际上是指向一个人认知的成长。可以说，要想改变自己，就要从改变认知开始。古语说："蓬生麻中，不扶自直。"改变认知，就要注重改变环境——与人交往的环境，与优秀的人同行，自己就有可能变成优秀的人。

　　阿马蒂亚·森曾为联合国开发计划署写过人类发展报告，当过联合国秘书长加利的经济顾问，1998 年诺贝尔经济学奖得主。他有一个著名的关于认知的观点：评估一个人的判断力时，需要关注其信息来源的多样性，以避免因信息单一或扭曲而导致误判。如果我们长期生活在单一的信息里，就容易接收到被扭曲的甚至颠倒的信息。

　　当下是一个信息时代，我们要提升认知以应对信息的快速变化与迭代。这个时代需要我们终身学习，在学习中寻找，在实践中精进。我们站得越高，世界也就越广阔、越丰饶。认知高级的人，大多具有空杯心态；能保持积极进取的开放态度，向外探寻，向内思考。

　　有人总结出认知水平不高的几种表现。第一，自以为是。这样的人总是盲目自信，自以为是，认为自己是对的，拒绝接受别人的建议，排斥不同的声音。而且，这样的人往往还很情绪化，在与人沟通时，一旦被质疑或意见达不成一致，就会下意识地反驳，偏要分出口舌上的胜负，甚至会因此大发脾气。第二，视角狭窄。认知水平低的人看问题的视角很狭窄，想法过于单一，对所遇到的人和事缺乏一定的判断力。第三，拒绝学习。这样的人自我感觉一直都很不错，自认为对很多事看得透彻、见多识广，便不会主动地去学习、成长、思考，时间和精力大多消耗在玩乐、琐碎的事情上。

　　所以，我们需要重新审视自己的认知架构、知识体系、思想体系、思维模式、观点理念及其背后的底层建筑。我们要追问：自己的认知架构全面吗？获得认知的那些依据本身正确吗？也许获得的认知不过是外界流行思潮的反映，不过是时代的产物而已；甚至，你的思想可能是别人刻意制造、引导出来的。如果那些依据本身就不正确，我们的所思所悟所得就无法保证其正确性。说直白点，你需要重新定义一切！

　　小米集团创始人、企业家雷军的年度演讲于 2023 年 8 月 14 日晚举行，主题为"成长"。这次演讲金句迭出："只有认知的突破才会有真正的成长""做高端是小米发展的必由之路""选择对人类文明有长期价值的技术领域,并坚持长期投入"……的确,从求学之路到初次创业,从高端探索到技术研发,雷军在演讲中讲述了过去二十多年几次关键成长的经历和感悟。

可以这么说,雷军的成功过程,就是一个认知不断迭代的过程。学习雷军,需要不断反思自己的认知局限,在成长路上一步一个脚印,才能成就不一样的人生。

认知决定境界,境界制约未来。我们每个人都有自己特定的认知模型,这形成了我们独特的世界观、人生观乃至价值观。这种模型深深植根于意识,并左右我们的思维模式和行为方式。

雷军在多次演讲和访谈中都强调了认知突破的重要性。雷军表示,要获得更大的成就,我们必须不断突破自身的认知局限,拓宽视野,重新审视人生。

哲学家康德曾说:"启蒙是人走出自身的不成熟状态的过程。"走出认知的束缚,获得思想与心智的成熟,需要勇敢的自我反思和批判。这需要坚定的意志和毅力,由此开启通往成长的大门。

就认知而言,我们如何才能在学习中寻找,在实践中精进?道理其实也很简单——站在巨人的肩膀上。牛顿说,如果说我比别人看得更远些,那是因为我站在了巨人的肩膀上。

当然,巨人可以是一个人、一群人、所有前辈的研究成果。一个人如果吸收了另外一个人有益的、正确的思想,这个人就是巨人;所以巨人也是普通人,只有吸收别人有益的、正确的思想,在前人的研究基础上,尊重前人的研究,才是站在巨人的肩膀上。

那么,如何站在巨人的肩膀上?很大程度上需要持续读书与学习。书籍是人类进步最重要的工具。知识不全是线性的,大部分是网状的,知识点之间不一定有绝对的先后关系;前面的内容看不懂,跳过去,并不影响学后面的,后面学会了,有时候更容易看懂前面的。

多读书,广读书。不断拓宽自己认知的深度与广度。当然,我们不仅要读专业的书，更需要读一些"无用"的书。很多书在初看的时候，似乎仅仅是有趣，没有什么实际功利性的收获；但当你把所有的知识融会贯通之后，会发现很多难解的问题变得豁然开朗起来。

只有认知的突破，才会有真正的成长

记得有句很经典的话："财富是对认知的补偿，而不是对勤奋的奖赏。"有些年轻人，刚刚从校门走出来，习惯性地认知：勤能补拙，皇天不负有心人！他们算得上勤奋，往往抓住一切机会发展自己，甚至每天工作 12 个小时，没有节假日，没有娱乐，他们的生活就是围绕着工作转。他们勤奋、努力，但他们的财富并没有因此积累起来，生活依然紧张，甚至过得窘迫。

这的确是对传统认知的挑战，但是我们略微转换思路，来看看一些成功人士。比如乔布斯，他以其独特的视角和颠覆性的创新改变了电子产品的世界，创造了巨大的财富。又如马云，他凭借对互联网的深刻理解和前瞻性的眼光，推动了中国电子商务的发展，成为亿万富翁。他们都是勤奋的人，但更重要的是，他们拥有独特的认知，所以，他们看到了别人看不到的机会，理解了别人不理解的事情。

有如前面说过，你永远赚不到超出你认知范围之外的钱，除非靠运气；但是凭运气赚到的钱，最后往往又会凭实力亏掉，这是一种必然的趋势。人生职场上，成功不单单是勤奋，它需要综合的因素；个人的勤奋与才智是重要的基础，而真正决定成功的还有更多的因素。

当然，只有认知的改变和突破还远远不够，关键是如何去做，什么时候做，做的效

> 一个人能走多远，最终取决于他能不能突破人生的边界。并且突破人生边界的关键一步，往往离不开化茧成蝶般的磨炼。

果怎样……在新认知的指引下，采取行动，真正在行动上做出改变，才算是真正的认知突破。人生是一场马拉松，一时的成败没有那么重要，人生本来就不是一条直线，直上直下，而是像好的股票一样有涨有跌，波段性地一路攀升，每一次的下跌都是为后面的创新高而蓄力。人生难题将在成长中找到答案并得以解决。

物以类聚，人以群分。人与人之间存在着一种隐性的磁场，这决定了我们大概率会遇到什么样的人。认知越低的人，遇见的人可能越复杂、固执；认知越高的人，则更容易遇见简单、灵活的人。一个人只有不断升级认知，才能遇到更优秀的人，见到更美的风景。

叔本华曾说："世界上最大的监狱，是人的思维。"我们常常活在自己的认识和经验构建的世界里，都在用自己的认知、经验去判断世界，把自己的视野边界当成世界的边界。因为自己感受不到、看不见，就认为它本不存在，这实际上是将自己关在了一座"思维监狱"里，也即"认知牢笼"。

所以，要真正改变自己的人生，首先要改变自己的认知；只有实现认知突破，我们才能真正地成长。那么，如何改变自己的认知呢？下列方法可供参考。

要多阅读。阅读可以帮助我们获取新的知识和观点，从而拓宽我们的认知范围。尝试阅读不同领域的书籍，包括历史、科学、哲学、艺术等，以及不同文化背景下的文学作品。

在阅读的基础上主动而深度地思考。思考是提升认知的关键，在阅读或学习新知识时，不要仅仅停留在表面，而是要深入思考其中的含义、原因和影响。尝试从不同的角度看待问题，挑战自己的思维模式。

要不断地学习新的技能。学习新技能可以帮助我们提高新的认知能力和思维方式。例如，学习一门新的语言、掌握一种乐器或者学习编程等，这些都可以帮助我们发现新的认知角度和思维方式。

要善于与他人交流，在交流中领悟他人的智慧。与他人交流可以帮助我们了解不同的观点和思维方式，从而拓宽我们的认知范围。尝试与不同背景、不同领域的人交流，听取他们的意见和观点，从中汲取新的认知。

要善于反思和自我观察。反思和自我观察可以帮助我们了解自己的思维方式和行为模式，从而更好地调整自己的认知。在每一天结束时，花一些时间反思自己的行为，思考是否有更好的处理工作或事情的方式。

要善于培养自己的好奇心。好奇心是提升认知的重要动力；好奇心的终极阶段是变成一股能强化个人与世界联系的力量，这种力量能持续为我们的个人经历增加趣味性、挑战性和兴奋感。保持对新事物的好奇心和探索欲望，不断寻找新的知识和观点，从而拓宽自己的认知范围。

当然，还需要长期实践和应用。将所学到的知识应用到实践中，可以帮助我们更好地理解和掌握这些知识，从而提升我们的认知能力。尝试将所学到的知识运用到日常生活或工作中，观察其效果和反馈。

最后，需要接受挑战和面对困难。接受挑战和面对困难可以帮助我们提高新的认知能力和解决问题的能力。不要害怕失败，而是将其视为学习和提升的机会。

在这其中，还需要持续学习和更新。认知是一个持续不断的过程，只有不断更新自己的知识和观点，才能不断提升自己的认知能力，由此实现突破与成长的飞跃。

人生想要有所成就，选择和努力都是必不可少的因素；成功没有捷径，却有很多条路径供我们选择。但社会经验阅历丰富的人，往往都会告诉我们：选择比努力更重要。当然，不是说努力不重要，只有努力了，才有机会和能力去选择。

第二章　边界是动态的，没有一劳永逸的突破

在项羽看来，"面目"比东山再起的事业重要，这一认知的形成，自然就决定了项羽的选择。

人的一生都是在为"认知"买单。最可怕的是，我们不知道"我们不知道"。

突破自己的惯性、突破自己的舒适圈，最终实现突破自己。

告别目光短浅，一旦定下目标，全力以赴，执行到底。

当你改变认知以后，决策就完全不同

小米的创始人雷军有一个特别重要的创业经验：同一个创意，同一个产品，当你改变认知以后，决策就完全不同。这句话看起来简单，实际上，是关于认知的一个深度见解。2023 年的演讲中，雷军特地讲了"小米13"的故事，无论是销量，还是口碑，"小米13"表现都不错。这么好的一款产品，在雷军团队的研发过程中，两次差点夭折。后来，正是认知的改变，加上坚持，最终才有了现在的"小米13"。

这里面当然有巨大的决心、巨大的投入、巨大的耐心，终于收获了"小米13"的成功。而这些决心、投入与耐心正是建立在坚定的认知基础之上的。

华为创始人任正非曾说过一句话：我要的是成功，面子是虚的，不能

当饭吃，面子是给狗吃的。任正非这句话反映出的正是他认知的与众不同。所以，任正非敢于潮头争先，敢于和国外巨头一较高下，即便伤痕累累，也能绝地求生，更能发展壮大。与之相反的是那个"力拔山兮气盖世"的西楚霸王项羽，兵败退至垓下，四面楚歌，本可以东渡乌江，以图东山再起，毕竟有"江东子弟多才俊，卷土重来未可知"的地利、人和，然而面对乌江亭长的苦口婆心、语重心长："江东虽小，地方千里，有数十万人，足以称王，请大王速速渡江！如今只有微臣有船，汉军将至，也无船渡江。"他却绝望地悲叹："天要亡我。我渡江何用？况且我率领江东子弟八千人渡江西征，却无一人生还。纵然江东父老怜悯我拥我为王，我又有何面目见他们？即使他们不说，我难道不有愧于心吗？"此时此地，他更看重的是自己的面子，因为他的认知层面里面子大于霸业，白白放掉可以卷土重来的时机，以致汉军追到，只得拔剑自刎而死。

项羽以悲壮的方式结束了自己传奇的一生。在项羽看来，"面目"比东山再起的事业重要，这一认知的形成，自然就决定了项羽的选择。

当然，这一历史故事，引来了许多不同时代知识分子的品评与争论。唐代诗人杜牧对这一历史故事有自己的评价："胜败兵家事不期，包羞忍耻是男儿；江东子弟多才俊，卷土重来未可知。"胜败乃兵家常事，难以事前预料；能够忍辱负重，才是真正男儿。西楚霸王啊，江东子弟人才济济，若能重整旗鼓再杀回来，楚汉相争，谁输谁赢还很难说。

与之截然对立的观点是宋代诗人王安石："百战疲劳壮士哀，中原一败势难回；江东子弟今虽在，肯与君王卷土来？"上百次的征战使壮士疲劳、士气低落，中原之战的失败之势再难挽回；虽然江东子弟现在仍在，但他们是否还愿意跟楚霸王卷土重来？

同处于宋代的女词人李清照写诗赞美项羽："生当作人杰，死亦为鬼雄；至今思项羽，不肯过江东。"活着应当做人中的豪杰，死了也要做鬼中的英雄；人们到现在还思念项羽，只因他不肯偷生回江东。这首诗鲜明地提出了人生的价值取向，李清照通过歌颂项羽的悲壮之举，讽刺了南宋当权者不思进取、苟且偷生的无耻行径。

三位诗人从自己的体悟出发，借助于历史故事来言志。李清照是笔在此而意在彼，借颂扬项羽，以批判南宋王朝的逃跑、投降政策，颂古讽今之意极其明显。杜牧认为胜败乃兵家常事，颜面事小，东山再起事大，项羽自刎实在是可惜。如果东山再起，人事犹可为，为何要自暴自弃呢？王安石认为，项羽就算过了江东，也未必可以卷土重来。三位诗词大家对悲壮的项羽见仁见智，实际上也体现了他们在认知上的差异。

可以说，一个人的认知严重影响其决策。提高一个人的决策能力，就需要提高其认知水平。当然，一个人的认知水平高低，既受制于间接经验的获得，也受制于直接经验的获得。当你看到一个人的决策正确或不正确的时候，隐藏在后面主导决策的是情感发展程度，而情感发展程度受制于认知水平，认知水平来自一个人获得的间接经验和直接经验的综合与凝结。

还有，认知影响态度。不一样的认知，有着不一样的态度；不一样的态度，自然会指导不一样的行为。一个人拥有较为清晰的个人边界，或者说这个人"边界意识好"时，就意味着他足够敏感和坚定，能够更好地保护自己，避免被他人控制、利用或侵犯。

边界意识好的人，知道什么可以做，什么不可以做，也清楚自己能够接受哪些，不能够接受哪些，既尊重别人，也保护自己。大格局大人生，小格局小人生，没格局没人生。古语云：上等人人帮人，中等人人挤人，下等人人踩人。人的层次之分，实则源于认知的差异。

改变自己的认知不是为了升级人的等次，而是为了做出更恰当的决策，为了人生的发展。一个人、一个家庭、一个组织，都可以列出一个关键事务清单。在这个清单中，我们可以这样问自己，我们是否需要重新定义问题，重新界定我们的假设，重新发掘新的事实，重新思考我们过去的结论，重新反思既有的政策，进而重新规划一种新的未来？在新时代，我们需要创造性发展，不仅是时间意义上的需求，更是认知意义上的需要。改变认知，我们才能更好地重新出发。

认知不正确，坚持无意义

什么是认知？认知是指人们获得知识或应用知识的过程，或信息加工的过程，这是人最基本的心理过程。它包括感觉、知觉、记忆、思维、想象和语言等。人脑接受外界输入的信息，经过头脑的加工处理，转换成内在的心理活动，进而支配人的行为，这个过程就是信息加工的过程，也就是认知过程。

不过，人的认知能力与人的认识过程是密切相关的，可以说认知是人的认识过程的一种产物。一般说来，人们对客观事物的感知（感觉、知觉）、思维（想象、联想、思考）等都是认识活动。认识过程是主观客观化的过程，即主观反映客观，使客观表现在主观中。

在现实生活中，通过外力，想要改变一个人的认知是非常困难的。认知只有靠自己向内的升级、刷新，才有可能去改变。但是，认知涉及方向问题，认知达不到，做出的判断就会产生误差，甚至是方向性错误，越是坚持，问题越严重。

所以，认知不正确，坚持无意义。那么，如何对自己的认知升级呢？方法当然有很多，我们可以借助于外力去提升认知，但是认知升级一定是自己主观能动性的作用。认知升级的过程，其实就是一个学习的过程。学习要讲究方法，可以把认知升级的过程概括为"思考、总结、练习"。

> 认知自我是一件非常重要的事情，俗话说"人贵有自知之明"，一个人只有对自己有正确的认识，才能对标世界，找准自己的位置。

如果一个人不断学习，想了解世界，去反思自己；空杯心态，放下恐惧，不拒绝改变；认知升级就不会是一件复杂的事情。再加上一群人在行动中磨合，逐渐达成了共识，一家公司的发展就有了智力保障。

因为，一个人卓越，成就不了一家卓越的公司；一群人卓越，才能成就一家卓越的公司。而卓越的核心是一家公司和一群人的认知升级，否则不可能真的上新台阶，只会陷入死循环：认知不统一，事情推不动。推不动的本质是大家没有建立对这件事重要性的认知。看不见也罢，顽固拒绝也罢，都不可怕。最可怕的是，我们不知道"我们不知道"。

经历是宝贵的财富！当我们经历了人生的大风大浪，回过头来审视自己的人生，就会明白：其实，人的一生都是在为"认知"买单。

认知是变化的，这个世界唯一的不变就是变。人总是在不断成长，生活总是在不断变化，然而人的思想认知往往有惯性，且容易固化。因此，人的思想认知往往跟不上生活的变化，导致思想认知与生活的不匹配，所以，造成人的一生有可能都在为认知买单。

不过，人的认知一旦得到突破，思维就能彻底打开，不仅可以看到一个更加透彻、真实的世界，还能一眼看到本质，瞬间抓住要点；往往更容易驾驭生活，还可以轻而易举地引领大众。投资界有段语录：你赚的钱，是你对这个世界认知的变现；你亏的钱，是你的认知有缺陷而造成的后果。

我们不妨思考片刻，定期升级认知系统，而这，完全不耽误我们的"行程"。

要明白，升级我们的认知系统并非高大上的事。其实，很多认知是从常识中来的；常识是大家现在的共识，认知是未来的常识。现在的常识，过去是认知；现在的认知，将来是常识。这需要我们在认知的基础上尊重常识，拥有满腔热情和长远目标，再加上宏观的视野与开阔的心胸，你自会做到"坚持"，而不是靠每天打几针"鸡血"来维持激情。

俗话说："方法总比困难多。"真正的学习成长不是"努力，努力再努力"，而是"反馈，反馈再反馈"。努力是必要的基础，而反馈才是认知提升的前提。我们可以用各种各样的方法，既满足我们对快乐无意识的追求，同时又能督促我们消除不良行为、克服拖延、消除懒惰、戒除不良癖好，早日实现我们的人生目标。

那么，我们又如何能成为一个正确认知前提下的拥有执着精神的人呢？首先要形成一个坚持的信念，其次是降低坚持的难度，最后最好能找一个信赖的朋友一起坚持。

我知，我无知；越知，越无知

世界级的大师笛卡尔，关于认知有一个很有趣的故事。笛卡尔是 17 世纪法国的哲学家、物理学家、数学家，是解析几何的奠基人。他这样的大学问家，应该对自己的学问满足了吧，而事实却恰恰相反，笛卡尔经常思考自己不明白的道理，越思考越发现自己的无知。

这就引起了笛卡尔弟子们的困惑，在某一天早晨，有一位年轻的弟子实在忍不住了，就冒昧地问笛卡尔："老师，您的学问如此广博，竟然还要感叹自己无知，让外人知道了，不笑话咱们吗？"

笛卡尔感慨地回答："哲学家芝诺不是解释过吗？他曾画了一个圆圈，圆圈内是已掌握的知识，圆圈外是浩瀚无边的未知世界。知识越多，圆圈越大，圆周自然也越长，这样它的边沿与外界空白的接触面也越大，因此未知部分当然就显得更多了。"

据传在三千年前，希腊德尔斐神庙阿波罗神殿门前的那三句石刻铭文"认识你自己""凡事勿过度""妄立誓则祸近"，这些话曾引起无数智者的深思，后来被奉为"德尔斐神谕"。"德尔斐神谕"是希腊人的精神支柱。"认识你自己" 相传是刻在德尔斐的阿波罗神庙的三句箴言之一，也是其中最有名的一句。

尼采在《论道德的谱系》的前言中说："我们无可避免跟自己保持陌生，我们不明白自己，我们搞不清楚自己，我们的永恒判词是：'离每个人最远的，就是他自己。'对于我们自己，我们不是'知者'……"

的确，人没有不通过学习而自知的人。不知道，所以才去学习，学习后发现自己还有很多不足，于是更加努力去学习，周而复始，这便是成长的过程。

这个世界上并不缺少聪明的人，更不缺少妄自尊大的人，恰恰缺少的就是能真正意识自己的无知的智慧之人。一个人如果在自己的生命过程中，能一直发现自己的无知，这是何等的人生境界！

想要实现认知突破，首先要接受自己的无知。这个对很多人来说，带来的情绪体验是不好的。但是看雷军的"武大往事"，他总是用主动学习的积极方式来解决一个又一个当时的"无知"，最终实现自己设定的目标。所以我们可以发现，想要实现认知突破，难的不是"认知"，而是"突破"。突破自己的惯性，突破自己的舒适圈，最终实现自我突破。

有研究者把人的认知划分为四个层次：第一层，不知道自己不知道——以为自己无所不知，自以为是的认知状态。第二层，知道自己不知道——对未知领域充满敬畏，看到自己的差距与不足，并准备丰富自己的认知。第三层，知道自己知道——抓住了事情的规律，提升了自己的认知。第四层，不知道自己知道——保持空杯心态，这是认知的最高境界。

现实生活中，很多人都处于第一层"不知道自己不知道"的无知无畏状态里。殊不知这种低水平的认知，是一个人成长路上最大的阻碍。认知越低的人，越容易自以为是、狂妄自大，不知道天外有天、人外有人，甚至有时候，明知道自己是错的，也要固执到底，这是典型的自欺欺人。

为什么碌碌无为的人是大多数，对自己的无知视而不见，只会失去升级的可能性。我知，我无知；越知，越无知。只有保持空杯心态，一个人才有可能真正成长，实现突破性的跨越。

重塑自我认知，活出想要的人生

人与人之间的差距，往往源于他们认知能力的不同。认知水平高的人，都会有一个共同的特点，就是能透过事物复杂的表象，发现事物的本质。认知能力强的人，善于切换视角审度自己。

也正因为如此，这个世界有一个显著的事实，就是人类无法在对所有事物的认知上达成一致；基本上每一个观点都有人相信，同时也有人反对。小到身边的常识，大到时代发展大势，这些方方面面既有无数的人笃信，也有无数的人怀疑。那么，如何缩短人与人的认知差异，向着合理正确的方向靠拢呢？

这就需要我们广泛吸纳人类智慧的宝贵财富，通过对这些瑰宝的不断吸收，逐渐形成自己的思维操作系统，形成自己的思维网络。只有形成自己的思维网络，形成自己的知识高速公路，才能够在你需要使用的时候，快速调取其中的知识结构来解决问题。

30 年前的互联网与 20 年前的移动互联网，作为新鲜事物，引发了人们各种的看法和想法，这些看法和想法都是个体认知的体现。牛津大学历史学博士、新锐历史学家尤瓦尔·赫拉利在《人类简史》中提及，在长达数百万年的时间里，人类一直位于食物链的中间位置，直到 10 万年前因为一场认知革命，才使智人跃居至食物链的顶端，而 7 万年前语言的诞生则是人类的首个认知发明。

美国学者詹姆斯·格雷克在《信息简史》中提出，文字这种首次出现的人工记忆，力量之大无可估算：它重构了人类思维，人类历史由此发端。借助文字，一个人可以与众人说话，并且人类开始像撒面包屑般在身后留下踪迹，供后来人追寻。

与文字对接的行为，就是阅读。阅读行为不单单是一个接收信息的过程，更是创造信息的行为！这里，需要时间的持恒性，也需要正确的方法与想象联想。如果没有经历过数年或者数十年的阅读积淀，就不会有醍醐灌顶的那一刻。当所有的知识系统为你完全联通的那一刻，你才能够体会融会贯通带来的巨大价值。这一切，漫长而久远。而且这是一个极度延迟满足的过程，这个过程有多长，在这个过程里能够取得什么样的成就，都是成就自我的一节人生必修课。

心理学实验表明，训练人的大脑和训练动物的大脑没有太大区别，都需要一些刺激。譬如，我们去水世界看表演，海豚在每一次卖力表演之后，饲养员就会扔给它一些喜欢吃的食物；表演越精彩，掌声越大，饲养员扔给海豚吃的食物就越多。

一位具有经验的领导者，会把一项任务经分解之后让员工完成；每一个阶段进行总结，该表彰的表彰，该激励的激励！员工取得的成就如果不及时给予适当的激励，时间长了，就会丢失创造的动力。

经历人生无数风浪的任正非，在他的认知范围里，觉得每个人都把自身置于这个变化的浪潮中，努力地划桨，不管到达什么位置，一生都是无愧无悔的。他曾给年轻后辈忠告和建议："真正的自我成长就是要敢于面对变化，拥抱变化，并不断打破陈规，自我革新，无论将来会产生多少风波，我们也要努力去拥抱时代变化。"这位企业界神一般的人物用自己的经历告诉一代代后生，人生就像攀登高峰，只有经过艰苦的努力，才能不断蜕变、不断突破……才能享受到成功的喜悦。

面对复杂多变的世界，年轻一代如何度过自己的青春时代？网上一搜索，肯定有无数的答案。有句话叫"人生无复盘，不翻盘"。你只有认识到自己的不足之处，才有改进的方向。就像做错了题，知道为什么错了，才能避免下一次出错。年轻一代更要认清自己的不足，并及时改进，才能找到努力的方向，让青春更充实更蓬勃向上。人的一生就是不断认识自己的过程，在这个过程中，我们需要对心中设定的目标进行规划，并善于复盘，通过不断总结，由此获得改进思路和翻盘的机会，在复杂环境下实现人生新跨越。

2

第二部分

方向的突破：

打破定式，引体向上

　　在这个充满竞争和变化的时代，我们是否经常感到迷茫和困惑，不知道自己想要什么，不知道自己能做什么，不知道自己应该怎么做？

　　可是现实的需要，必须让我们做出选择。所以，方向的突破尤其显得重要，在一次次的思索探求之后，最终还是需要来一次突破，这就是方向的突破。

第三章　内求诸己，突破自我的设限

> 有梦想，人生才有动力；为实现梦想而努力，才能体会成功的喜悦。生活的理想，就是为了理想的生活。
>
> 生命，如同一首优美的旋律，等待着我们去演奏；每一个不曾起舞的日子，都是对生命的辜负。
>
> 来是偶然，去是必然；尽其当然，得之坦然；失之淡然，争取必然；忙时井然，顺其自然；悟通八然，此生悠然。

志之难也，不在胜人，在自胜

《韩非子·喻老》里有一句名言："志之难也，不在胜人，在自胜也。"这句话深刻揭示了立志的真正难点——不在于胜过他人，而在于战胜自己。它体现了一种自我克服和自我超越的价值观，鼓励我们树立自信，克服自身缺陷，以实现个人的理想和目标。的确，人生在世，须立志。要实现远大的志向，不是与他人争高低，而在于自我克制。克服那些懒惰、软弱，"自胜"是立志的关键。

"现代手机之父"马丁·库帕是一位无线电爱好者，从小就崇拜无线电界的资深人士乔治，很想去乔治的公司工作。他想，如果乔治肯接纳他，他肯定能够学到很多东西，日后也能像乔治一样在无线电行业取得巨大的成绩。

当库帕敲开乔治的房门时，乔治正在专心研究无线电话。库帕将自己的心里话，小心翼翼地在乔治面前讲了出来。他说："尊敬的乔治先生，我很想成为您公司的一员，如果能够留在您的身边，当您的助手，那就更好了。当然，我不求待遇……"谁知，还没等库帕说完，乔治便果断地将他的话打断了。原本诚惶诚恐、忐忑不安的库帕，这时心情倒平静了下来，他不慌不忙地说："乔治先生，我知道您现在正在忙什么，您在研究无线移动电话，是吗？也许我能够帮上您的忙呢！"乔治虽然对库帕能够猜出自己正在研究的项目而感到惊讶，但还是觉得面前的这个年轻人太幼稚，还不足以为自己所用，所以他还是下了逐客令。最后，库帕说："乔治先生，终有一天，您会正眼看我的！"

言出必行，行之必果。库帕并不是和乔治赌气夸口，更没有因为此事而气馁，而是选择了摩托罗拉。经历了无数次的探索，世界上第一部手机终于在曼哈顿的摩托罗拉实验室诞生了。有记者采访马丁·库帕时问："如果您当时被乔治雇用，您肯定会协助乔治完成手机的研制，而这一功劳也肯定会是乔治的，是不是？"马丁·库帕回答说："不，如果当时乔治雇用了我，我成了乔治的助手，我们也许永远研制不出现在的手机。正因为他拒绝了我，掐断了让我向他学习的念头，我才重新开辟了一条研制手机的道路，并且成功了。我将乔治对我的拒绝化成了前进的动力。如果没有这种动力，就是我跟乔治联手也不一定能完成这项研制工作。"

库帕的成功也许印证了古老的名言"苦心人天不负"，相反，那些傲慢和无知往往会让人和成功擦肩而过。作家刘慈欣在《三体》中写道："弱小和无知不是生存的障碍，傲慢才是。"越是弱小无知的人，越傲慢无礼；越是成熟的人，越谦逊内敛。乔治因为一时的傲慢，失去了最有价值的合作伙伴！但是，人生就是这样，往往在关上一扇门的同时，也会打开一扇窗，前提是你要有能力与信心坚持去寻找。

《道德经》（第三十三章）里说："知人者智，自知者明。胜人者有力，自胜者强。"意思是说能了解他人的人是智慧，能了解自己的人是聪明，能战胜别人的人是有力量的，能战胜自己的人更加强大而不可战胜。

真正厉害的人，不是他的生命超越别人，而是他在志向上对别人的超越。人活于世，只有树立志向，坚守志向，方能活得有目标、有动力。反之，一个没有志向或者志向不坚定的人，只会浑浑噩噩地混日子。而树立志向最大的难处，并非胜过别人，而是在于坚持不懈地战胜自己。

曾国藩就把"志"作为成功的第一要素，"盖士人读书，第一要有志，第二要有识，第三要有恒。""坚其志，苦其心，劳其力，事无大小，必有所成。"有"志"才有实现"自胜"的可能，"人苟能自立志，则圣贤豪杰何事不可为"。一个人如果能立下远大志向，就可能干出像圣贤豪杰一样的丰功伟业来，何必借助于他人呢？世界上什么都不公平，唯独时间最公平。我们对待时间的样子，就是未来的样子。时间，可以被管理；人生，可以被设计。你每天读书一小时，跟你玩手机一小时，也许区别不是很明显，但哪怕只是坚持一年半载，你的谈吐、气质和思维都会发生巨大的变化。再微小的改变，在时间的作用下，也会产生"复利"，让人生迎来惊人的蜕变。

拥有一个梦想，有N个理由去坚强

梦想的作用就像汽车里的定位系统，当你内心充满渴望时，它会帮助你调整到正确的路线上，唤醒你内心的潜能，激发你体内的正能量，使你自然而然地勇往直前。

比尔·盖茨就是一位有创业梦想的人，早在学校读书期间，他就和朋友保罗等人成立了一家公司，研发出名为Traf—O—Data的设备并将其推向市场，从此，开始了他们的商业征途。Traf—O—Data是一种计数装置，专门用于搜集并分析汽车数据。对任何一个试图根据交通路线和道路信息做出出行决定的人来说，这无疑是一项有用的工具。但事实证明 Traf—O—Data 的设备没能卖出去，可是，盖茨与他的伙伴并没有气馁，而是继续自己的创业梦想。

后来，盖茨和保罗创立了大名鼎鼎的微软公司，也因为一件事改变了盖茨的人生，他在宿舍给墨西哥阿尔钧克基的一家生产个人电脑的公司打去电话。这通电话再次唤醒了盖茨的创业梦想，让盖茨敏感地意识到机遇的到来，他决定放下一切，抓住这个机遇。随后，盖茨决定从哈佛辍学以抓住这次千载难逢的机会，因为等到他从哈佛毕业时，早已错失改变世界的良机。

其实盖茨的成功与微软的一项规章制度有关，也就是所谓的"思考周"，每年开展两次。"思考周"为微软的员工提供了一个探索并展示其理念的机会，激励业务团队内部提出更系统的、极富想象力的计划。在"思考周"，员工们呈现的是最富灵感的理念，大家谈论的是 10 年后的产品，远远超越了当时产品的水平。而盖茨在"思考周"里则大部分时间独自一人，仔细研读员工们写的技术论文，开启创造性思维，思考有关公司发展的问题。

在信息化时代背景下，为越来越多的敢想敢为者提供了可能，创新与创业展现出了前所未有的活力。优步公司没有一辆汽车，却满足了无数人的用车需求；爱彼迎没有一家旅店，却满足了全球旅行者的住店需求；淘宝没有自己的产品，却成为网上最大的供货商；知识类脱口秀节目"罗辑思维"的创始人罗振宇凭一张嘴，网罗粉丝千万；摩拜单车创始人胡玮炜借助互联网技术，将共享单车这一绿色出行方式带到了城市的每一个角落。

> 有一位哲人说过，一个人生命中最大的幸运，莫过于在他年富力强时，发现了自己的人生使命。或许，不是所有人都能成为扬帆远行的哥伦布，但每个人都可以拥有一双眺望远方的眼睛。

"梦想还是要有的，万一实现了呢？"这句话不仅是对梦想的深情呼唤，更是对坚持与奋斗的坚定信念。12 岁的盖茨已经把 BASIC 玩得滚瓜烂熟。19 岁的时候，盖茨开始写个人电脑操作系统代码。25 岁的时候，他开发出 MS-DOS 系统。28 岁的时候，他研发出 WINDOWS1.0。盖茨是软件开发的天才，他把自己的兴趣化为梦想，又把梦想变成了产业和财富。

有梦想，人生才有动力；为实现梦想而努力，才更能体会成功的喜悦。生活的理想，就是为了理想的生活，每个人都是追梦人，樱桃好吃树难栽，不下苦功花不开。幸福不会从天降，每个梦想的实现，都不容易，一路上充满艰辛，洒满汗水，正因为天上不会掉馅饼，更要始终保持积极进取的姿态，坚持不懈，持之以恒。

每一个不曾起舞的日子，都是对生命的辜负

"每一个不曾起舞的日子，都是对生命的辜负。"这是德国哲学家、20 世纪哲学巨匠之首、西方现代哲学的开创者弗里德里希·威廉·尼采在著作《查拉图斯特拉如是说》中响彻云霄、振聋发聩的一句名言。这句话是在告诫我们，每个人精彩的生活是需要每个人用心付出的，而最不辜负生命的生活，则是把生活的每一天都过好，并且过得充实。

> 成功是一条永无终点的路，只有不断突破与前行，才能看到更远的风景。

生命，如同一首优美的旋律，等待着我们去演奏。有时候我们却迷失在琐碎的忙碌中，忘记了自己内心深处的那份热爱和激情。的确，有些人会放弃起舞的机会，选择安逸地驻足。有些人的心绪过于沉重而无法在人生中去发现、去创造、去感悟，有些辜负了生命的意义。因此，我们不能坐以待毙，不能混吃等死，不能遗忘初心；应该将力所能及之事做到极致，充分把握每一个

机会，被人看不起时，可千万别气馁，不断创新，不断挑战自我，让生命之花绚丽绽放。

"欲戴王冠，必承其重"，成功和磨砺是成正比的。活成自己想要的样子，才是最无悔的选择。回首走过的岁月，会发现，人生的美好，源于一颗不甘沉沦的心。

稻盛和夫是一位颇具传奇色彩的日本企业家，对中国企业家影响颇大。稻盛和夫在他的《活法》一书中正面阐述人生的真理、生活的意义、人生应有的状态，强调要把每一天过到极致。这位被誉为日本"经营之圣"的传奇人物，在 2010 年以 78 岁的高龄临危受命，出任破产重建的日本航空公司的会长。当时，外界对他的任职多持怀疑态度，甚至有人质疑他是否"老矣"。然而，稻盛和夫以他的智慧和决心，赋予了日本航空公司新的生命。

稻盛和夫大刀阔斧地进行组织改革，将臃肿的机构精简为扁平化的管理结构。这不仅提高了决策效率，还激发了员工的创新精神。同时，他注重员工培训，提升员工的专业素养。这些举措为日本航空公司的重建奠定了坚实的基础。

在稻盛和夫的带领下，日本航空公司成功地"起飞"了。从濒临破产到盈利，稻盛和夫的智慧和决心为日本航空公司带来了翻天覆地的变化。他不仅拯救了日本航空公司，还为全球的航空公司提供了宝贵的经验和启示。

人生，有黯淡无光的低谷，也有星光闪耀的瞬间，而正是因为有了这些瞬间的点缀，让漫长的人生旅途充满意义。因此，为了不让人生留下遗憾，我们应心怀广阔的天空，脚踏实地于当下，磨砺自己的羽翼，练就过硬的本领，在朝着目标的征程中尽情地起舞。

敢于挑战自我，逼自己一把

人的一生，其实就是一个不断成长的过程。一个人要想变得更好，成为更好的自己，就要学会战胜自己。只有不断"战胜自我"，才能不断成长，成为更优秀的自己！周国平先生曾说，"遇到阻碍，礁岩崛起，狂风大作，抛起万丈浪。我活着吗？是的，这时候我才觉得我活着。"

人往往不知道自己的潜力何在，如果遇到一些难题，还没开始就选择逃避和放弃，那无疑是最大的失败。况且，如果不逼自己一把，又怎能知道自己的潜力有多大呢？学会适当地逼自己一把，才能发掘自己内在的潜力；敢于多一点进取性的尝试，往往会发现不一样的风景，使自己得到更好的发展。

吴女士是一家大型企业的部门经理，领导着几百名员工。然而，没有人知道这位女领导当年不过是一个普通的农民工。

早年，吴女士从老家到广东打工，因为文化水平有限，只能在一家酒店做清洁工的工作。吴女士对这份工作很满意，虽然累了点，但是有吃有住，她已经觉得十分幸运了。然而，好景不长，这家酒店因为经营不善而倒闭了，吴女士一夜之间成了下岗工人。为了谋生，吴女士不得不到处奔波，寻找新的工作机会。一次，吴女士路过一家公司，看到公司门前贴着一张招聘启事。原来，这家公司在招聘销售，吴女士便去参加了面试。

面试时，面试官问："你为什么要来做这份工作？"吴女士老实地回答道："不找工作，我就没饭吃，所以我必须工作。"面试官看着吴女士的打扮，带着怀疑语气问："我们招的这个岗位要求会打字，你会吗？"吴女士一听愣住了，别说打字了，自己可是连打字机都没碰过呀。但想到如果失去这次机会，自己肯定要流落街头，吴女士便点了点头。面试官沉思了一会儿说："那么，一个星期以后你来参加笔试吧，就考打字。"

回到住处，吴女士开始为自己的冲动懊恼。虽然刚刚自己撒谎说会打字，但是一个星期后，谎言就会被戳穿。这可不行！吴女士心想："大不了我从现在开始学，我就不相信我学不会。"吴女士用自己身上仅剩的钱租来了一台打字机，开始没日没夜地练习，手指都磨破了，她也不敢休息。到了笔试那天，吴女士顺利过关，被录取了，并获得了公司人事经理的称赞。

试想，如果当时吴女士不是关键时候逼自己一把，怎么能知道原来自己竟然可以在短短一个星期之内就学会打字呢？吴女士凭借自己的努力和无畏，后来成为一家五百强企业的销售经理，而且是这家公司唯一的低学历高能力的经理。

吴女士从一个平凡的下岗女工到女经理的蜕变，并不是靠运气。她之所以能取得后来的成就，就是靠当初面试时敢于逼自己一把，才让自己有了一个好的起点。其实，在生活和工作中，我们经常会遇到这样的问题，领导的任务下达后，我们的第一反应是完成不了。但是领导的命令又不能违背，只好硬着头皮去干，到最后发现自己竟意外地完成了。

一个人的知识可以通过学习去获得，但是一个人的经验必须通过经历才能获得。学会对自己"狠"一点，适时地逼自己一把，让我们有更多的锻炼机会，才能让我们获得更多的经验和能力。

当然，并不是什么情况下都适合"逼自己一把"，想要挑战自己，还要结合实际情况，而不是盲目地去执行。那么，什么情况下我们才可以逼自己一把，让我们发挥自己的巨大潜力，变得更优秀呢？

1. 弄清楚你到底是不敢做，还是根本不想做

对一件事有明确的目的和企图，你才会有动力去做，弄清楚你是不敢做还是不想做。如果你是不敢做，那么就要鼓足勇气去尝试，告诉自己一定可以做到；如果你是不想做，就可以好好考虑这件事最终带来的利益，给自己一个动力，才能激发自己的积极性。

2. 你是否有"逼自己一把"的能力

面对一个难题，就像面对一堵峭壁一样，在我们攀岩时，要先确定自己能不能攀上顶峰。如果你的能力真的有限，那么就不该把时间浪费在一件难以实现的事情上；如果你对自己的能力还持怀疑的态度，那么何不放手一搏，大胆去尝试一下，也许就能攀上顶峰最终看见不一样的风景。但要注意，一定不能好高骛远，错误地估计自己的能力，以免得不偿失。

3. 想做就做，落到实处

既然决定了要逼自己一把，就不要有所犹豫，立刻把自己的计划落实。如果一直犹犹豫豫不敢动手，那么我们鼓起的勇气很快就会消失得无影无踪。想做就做，让自己迅速地投入，才能收获最佳的效果。

4. 不要畏惧失败

既然选择了挑战自己，就要做好随时承受失败的准备，因为人的潜力虽然是无穷的，但能开发多少是会因人而异的。我们无法预知自己的潜力能发挥到什么程度，也无法预知自己能不能完美地解决所有的难题。因此，我们要做好承受失败的准备，不要灰心丧气，而要把失败当作锻炼自己的机会。

逼自己一把，你才能看清自己的能力何在，并有所突破。想要成就不平凡的自己，就要学会对自己"狠"一点。人生，最大的阻碍便是自己。

我们虽然无法长出翅膀翱翔天空，却可以张开双臂拥抱阳光；我们虽然不能上九天揽月，却可以努力改变命运。只要我们努力，就一定会有收获。

第四章　外求拓展，自我突破，行而有得

　　人有一些自恋的倾向其实很正常，只是不要太过分，因为这个世界不仅仅围绕一个人旋转。

　　鼓励别人，就是鼓励自己，无论你自己是否千疮百孔，你都可以成为一道光，照亮他人的黑夜。

　　对他人的成功像对待自己的成功一样充满热情，学最好的别人、做最好的自己。

纠正自恋行为，我们都是社会的一分子

　　社会是一个由你我他共同组成的群体，每个人都需要关注自我，但有的人过分自我，变成了自恋。需要说明的是，这里的自恋在心理学的概念里是一个中性词，泛指人对自我的一种关注；是过分自信、过分自满的一种自我陶醉的心理表现。这种心理在生活中的表现就是过分爱慕虚荣、夸大自己、极其爱打扮等。

　　健康的自恋表现为自信，这种自信源于对自我认知的真实性和对外界认知的客观性，对他人情绪和感情也有着共情能力。但行为准则忠诚于自己的内心，尤其是与他人发生冲突时，总会选择坚守自己的信念。不健康的自恋则表现为自大（也包括自卑，自卑与自大是一体两面），这时候，人对自我的认知逃避了真实的自我，转而把虚假的自我（理想化自我）看作真实的自我；这种情况下，人对外界和他人的认知往往是扭曲的，导致

人际关系紧张。

　　万事万物都在演化，人也一样，只有不断演化，才能不停地进步。人的演化过程有多种方式，摆脱不健康的自恋是一种必然的过程，也就是成长的过程。现实中，每个人或多或少都有一些自恋情结。儿童约在 7 岁时开始产生自恋情结以及自尊心。此时他们会非常喜欢在社交中与他人进行比较，并基于此对自己进行诸如"我是一个失败者""我很有价值"或是"我非常特别"的评价。孩子们会通过感知他人看待自己的方式来审视自己。

　　有自恋倾向的人会强烈地追求他人对自己的认同感，有很强的表现欲，希望得到别人的关注和夸赞，如果得不到就会感到失落和沮丧。自恋的人会很在意社会地位、金钱和名利，并认为这些才是决定一个人价值的基础，所以当他们有所成就的时候就会特别喜欢炫耀。一旦失败或遇到挫折，就会一蹶不振，消极逃避。

　　这当然需要成长，需要打破心中那些虚假的完美幻想，承认自己就是社会的一分子，慢慢打开自己的心扉，悦纳身边的每一个人。当我们能够真实地看清自己，不再用虚假的自己来满足自己的自恋，而是通过看清真实的自我来建立我们与这个世界的连接、与他人的关系时，我们的人生才不虚此行，我们也才能真正获得成长。

　　生活中，我们或许能遇到一些以自我为中心的人，他们觉得世界如果缺少了他们就无法继续存在。这类人往往缺乏共情能力，难以体会他人的感受，也无法站在别人的角度考虑问题，或是根本不愿考虑他人感受。不过，不必担心，绝大多数人都会通过成长摆脱不健康的自恋，但前提条件是必须先提升意识，学习为他人着想。成长与学习相辅相成，我们越是学习，就越能提升自己的意识。当然，适度的自恋是正常的，只是不要太过分，毕竟这个世界不是仅仅围绕某一个人旋转的。

　　不过，有一个问题我们必须面对：为什么有的人"自恋"却让人喜欢，有的人"自恋"却会引起别人的不满？心理学家海因茨·科胡特认为，一定程度上的自恋对人们来说是健康且必要的。它能够帮助我们与他人建立良好的关系，也能够帮助我们对抗生活中的各种沮丧与失落，让我们获得迎接挑战、追逐梦想的信心。然而，过度的自恋是破坏性的，从某种程度上来说，它以不尊重别人且最终会伤害自己的方式出现。

有点自恋没有关系，只要没有伤害到别人。这类自恋其实有点接近于自信，一般是来自自己的感受，而不是与他人的对比；这类人往往既看得到自己的优势和长处，同时也能够看到自己的不足；不论遇到什么不顺，都能接纳现状。他们在这种"自恋"的力量的推动下，创造出多姿多彩的人生。

在伦敦著名的威斯敏斯特大教堂地下室，矗立着一片墓碑林，其中有一块墓碑尤为著名。其实这只是一块普通的墓碑，粗糙的花岗石质地，造型也很一般。这块墓碑没有姓名，没有生卒年月，甚至连墓主的介绍文字也没有。然而，正是这样一块墓碑，却因其上的碑文而名扬四海。碑文的大概内容是：

"当我年轻的时候，我的想象力从没有受到过限制，我梦想改变这个世界。

当我成熟以后，我发现我不能改变这个世界，我将目光缩短了些，决定只改变我的国家。

当我进入暮年后，我发现我不能改变我的国家，我的最后愿望仅仅是改变一下我的家庭。但是，这也不可能。

当我躺在床上，行将就木时，我突然意识到：如果一开始我仅仅去改变我自己，然后作为一个榜样，我可能会改变我的家庭。

在家人的帮助和鼓励下，我可能为国家做一些事情。然后谁知道呢？我甚至可能改变这个世界。"

这段碑文提醒我们，自恋容易让我们盲目夸大自己的能力，陷入不切实际的幻想之中，最终与目标渐行渐远。摆脱不健康的自恋，对自己有更清醒的认知，反而更容易促成目标的实现。

赠人玫瑰之手，经久犹有余香

"赠人玫瑰之手，经久犹有余香"源自印度古谚，也经常说成"送人玫瑰，手留余香"，这句话颇具哲理，意思是你帮了别人，做了好事，或是成全了别人，就像送了别人玫瑰一样会让别人高兴，感受到一种甜蜜，一种玫瑰的芳香在手上和心里。

是的，帮助别人也会让自己更快乐，将自己的快乐分享给别人，同时自己也可以得到更多快乐。一件平凡微小的事，哪怕如同赠人一枝玫瑰般微不足道，但它带来的温馨会在赠花人和受花人的心底慢慢升腾、弥漫和覆盖。赠人玫瑰，是因；手留余香，是果。助人为乐，是因；得人援助，是果。心生念，念生因，因生果。因果循环，皆有定数。种什么因，得什么果。

一个简单的举手之劳，却也蕴含着处事之道：想要得他助，就要先助人。每个人都可以为这个世界带来一份惊喜、一份温暖、一份关怀的力量。温暖别人的同时，也温暖了自己。做不了星星，可以做盏明灯；做不了伟人，可以先做个有爱心的人。

"勿以善小而不为"，不要吝啬施予善意，不要盘算有无回报，真诚地分享，不遗余力地帮助，相信"爱出者爱返，福往者福来"。鼓励别人，就是鼓励自己，无论你自己是否千疮百孔，你都可以成为一道光，照亮他人的黑夜。彼此鼓励，相互赞叹，举手之劳的善行，微不足道的善言，皆可成为你的"玫瑰"。而留在每个人手上的那抹余香，将会如星星之火，点亮人间希望。

丹尼尔是美国得克萨斯州一家大型连锁超市的大老板。有一天，丹尼尔刚走到公司门口，忽然被一位中年妇女拦住了去路。她带着一个七八岁的小女孩，一把鼻涕、一把眼泪地向丹尼尔泣诉道："先生，您可怜可怜我们母女吧，我丈夫得了重病去世了，我也失业了，我们母女俩的生活陷入了困境。"

说罢，女人从包里拿出相关证明，恳求丹尼尔救济她们母女。丹尼尔听了，眼睛一亮，他对女人说道，"我马上安排人事部门对你进行考核，如果没有什么问题，你就在这家超市财务部门工作，并预支你3个月的工资。"女人听了，脸上露出欣喜的光芒，对丹尼尔连连道谢。一年后，她已经是这家超市的财务部门主管，她的业务能力和创新意识，让她得到老板丹尼尔的赏识和器重。在圣诞节超市举办的晚会上，她对前来参加晚会的丹尼尔说道："感谢丹尼尔先生，是您让我走上了自食其力的路子，同时，也给了我人格的尊严。"

丹尼尔帮助她渡过了难关，而她以自己全部所学回报丹尼尔的公司；她每天都带着感激做事，把工作做到了极致。

做人要常怀感恩之心，赠人玫瑰者，手留余香，当你像阳光一样温暖了别人，别人通常也会回报以同样的温暖。心无谦卑，日伴高人而莫助；心无大愿，遍求贵人而不得。即使没有回报，也会获得心安。心安即是净土，心中若有桃花源，何处不是水云间。多去理解尊重别人，常怀宽容感激之心，宽容是一种美德，是一种智慧，海纳百川，有容乃大。感激你的朋友，是他们给了你帮助；感激你的敌人，是他们让你变得坚强。

一位盲人住在一栋楼里，他每天晚上都会到楼下花园去散步。奇怪的是，不论是上楼还是下楼，他虽然只能顺着墙摸索，却一定要按亮楼道里的灯。一天，一个邻居忍不住好奇问道："你的眼睛看不见，为何还要开灯呢？"盲人回答道："开灯能给别人上下楼带来方便，也会给我带来方便。"邻居疑惑地问道："开灯能给你带来什么方便呢？"盲人答道：

"开灯后，上下楼的人都会看得清楚些，就不会把我撞倒了，这不就给我方便了吗？"邻居这才恍然大悟。世上的事情往往就是这样，方便了别人的同时，也会给自己带来方便；成就别人的同时，也提升了自己。这何尝不是人生智慧境界的一种升华与突破呢？

生存就要竞争，生活就要奋斗

从古至今，无论是个人还是集体，都面临着广泛的竞争，竞争是让我们不断前进的原动力。因此，即使你感到疲累，也别忘记提醒自己：一个缺乏竞争意识的人，终究逃不过被淘汰的命运。

现代人觉得活得疲惫，这种疲惫在很大程度上是由竞争带来的精神紧张导致的。生活节奏加快，以及竞争意识的增强，使人们心理产生一种危机感和紧迫感，而科技快速发展所带来的紧张激烈的社会竞争，又无形中加重了人们的心理负荷和精神压力。这直接危及人们正常的工作和学习，过度的竞争可能导致人们的心理失衡甚至引发心理疾病。

竞争的残酷使每个人不得不努力发挥自己的潜能，不断地奋斗，取得心理上的满足。然而，对于一个心态消极的人来说，他会因长期紧张的工作和生活而产生恐惧、焦虑和浮躁，变得身心疲惫、悲观绝望。

对于刚刚告别校园步入社会的青年来说，天空一下子被放大了许多倍，他们会发现在成年人的世界里，与自己竞争的已不再是往日的同龄同窗，竞赛的跑道变成了立体的全方位的复杂系统，竞争的规则微妙而又晦涩，选手们不分男女老少、高矮胖瘦一概混合编组，随时参赛，自由退出。犹如在社会丛林中展开的一场永远不会结束的混战，如果不能很好地掌握竞争规律和调整自己的生活态度，则会使自己走向消沉。

一位资深的登山专家在接受采访时被问道："如果我们在半山腰，突然遇到大雨，应该怎么办？"登山专家说："向山顶走。"问的人觉得很奇怪："为什么不往山下跑？山顶的风雨不是更大吗？""向山顶走，风雨虽然可能更大，却不足以威胁你的生命。往山下跑，看起来风雨小些，似乎比较安全，却可能遇到暴发的山洪而被淹死。"登山专家严肃地说，"对于风雨，逃避它，你只会被卷入洪流；迎向它，你却能获得生存！"

在人生的战场上，你有没有直面挑战的勇气呢？面对竞争，要勇敢地迎上去，而不是逃避、退缩，这样你才可以成为自己人生的主宰。

竞争是不可避免的。人与人之间的竞争不见得全是坏事，有时候通过竞争，可以让机遇之花遍地盛开，给你带来一个幸福的春天。

那么，我们如何调适自己的心态呢？

首先，我们要正确看待竞争，要明白没有竞争便不会有输赢、优劣之分。一个人的成功往往是建立在百折不挠的进取精神上的，没有经历过失败，没有强大的毅力和良好的心理承受力，很难取得真正的成功。

如果你想更好地适应社会竞争，在竞争中取得成功，你就必须学会控制情绪，理智、客观地解决问题，时刻保持冷静的头脑。俗语说，"静能生慧"，只有保持内心的平静，我们才能在遇到棘手的问题时，迅速找到解决问题的明确思路。

其次，我们也要学会放松自己，不要给自己施加过多的压力。充分的休息和睡眠能够帮助我们恢复精力，更好地应对挑战。

最后，应该不断充实自己，扩大自己的知识面，拓展自己的生活面，不计较得失，热爱工作，处理好人际关系。这样，你就可以获得一个和谐的氛围，你的心情也会随之而变得舒畅。

我们需要接受的是新观念、新思想、新技能和新知识。无论从事哪一种职业，都要有意识地培养自己适应未来社会的各方面的能力，熟练掌握现代科学知识和技能，提高个人修养素质，这样，你就可以在未来的职业竞争中迈出自信的步伐，取得突破性的成果。

练世情之常尤，识前修之所淑

"练世情之常尤，识前修之所淑。"此语出自西晋文学家、书法家陆机的《文赋》，意思是说熟悉常人写作的缺点，就知前人的优点。这当然是谈写作，推而广之，也有丰富的文化内涵与价值，即我们要熟知世情常有的过错，见识前贤修行的美善。此行何为？当然是勉励我们要熟稔当下世态的不足，知晓先贤们的美德善行，这样才能做好自己。我们要善于发现他人的优点，并将其转化为自己的长处；我们要善于洞察和把握情势，将其转化为自己的机遇。对待他人的成功，应该如对待自己的成功一样充满热情，学习最好的他人，成就最好的自己。

在尘世做自己，遇最美的人生；不管酸甜苦辣，都会雨过天晴。若要做最好的自己，必须具有最好的修行，接受最强的历练。人生有三修：修心、修性、修行。放纵自己的欲望是最大的祸害；谈论别人的隐私是最大的无聊；不知自己的过失是最大的愚蠢。人的一生，难免要受些委屈和伤害，与其耿耿于怀、郁郁寡欢，不如坦坦荡荡、泰然处之。只有经受住狂风暴雨的洗礼，才能练就波澜不惊的淡定。

做人要低调谦卑，海纳百川，能屈能伸。勾践忍辱负重，实现了复国大业；司马迁选择用宫刑换取一线生机，书写出流传青史的绝唱。翠竹因弯腰而坚忍不拔，稻穗因弯腰而丰稔厚重。弯得下腰是一种姿态，是一种内心的自信。

人生轨迹受圈子影响深远。我们接近什么样的人，就容易走什么样的路，所谓物以类聚，人以群分。远离那些过于闲散的人，牌友可能只会催你打牌，酒友可能只会催你干杯，而有志向的人却会让你努力争取突破与进步，你所在的圈子会潜移默化地影响你成为什么样的人。记住，"近朱者赤，近墨者黑。"

与其焦虑未来，不如把握好当下。人生犹如游戏关卡，闯过这一关，才能看清下一个关口。好好生活，别浪费时间；认真学习，不断充实自己。这样，才能在时机到来时有足够的能力迎接它。具体有以下几点建议。

其一，要不断反思。曾国藩成功的关键因素之一就是注重反思，他经常自省自问，寻找自身的不足和改进之处。用曾国藩自己的话说："半日自省何等重要，百日自省何等功德。"《论语》也强调反思，提出了君子要"一日三省吾身"。那么经常反思有什么好处呢？可以提高自我认知，能够发现问题并及时改进，可以增强学习能力，能够促进个人成长，可以提高解决问题的能力，能够强化自我管理意识。

其二，要接受他人的反馈。信息反馈是一个人提高自我认知的重要途径。不过，反馈也要有讲究，为使反馈得到理解和吸收，首先须将干扰因素清除，双方建立起平等以及相互信任的关系。这样反馈信息才能被对方接受，而不是被当作命令来对待，没有这个前提条件，反馈就不能成功。其次，成功反馈需要正确地组织反馈内容，"怎样做"和"做什么"同等重要。

其三，要学会自我控制。自我控制是一种个体自主调节行为，并使其个人价值和社会期望相匹配的能力，它可以引发或制止特定的行为，如抑制冲动行为、抵制诱惑、制订和完成行为计划、形成适应社会情境的行为方式。一个人要提高自我认知，必须学会自我控制，掌控自己的情绪和行为。只有掌控自己的情绪和行为，才能更好地理解自己的内心，建立清晰的自我认知。研究发现，那些自我控制能力高的人尤其拥有突破性的定力。

其四，要开阔眼界，增加知识储备。一个人的自我认知和认知能力与其知识储备和阅历经验有很大关系。要广泛阅读，吸收不同的知识和经验，开阔眼界，增加自己的认知能力。只有具备一定的知识储备和丰富的经验，才能更好地认识和提升自己。

　　其五，坚持修身养性。修身养性是通过自我反省体察，使身心达到完美的境界；修正、化解自身的不良习性、习惯，让我们的善良、单纯之本性得到保全、免受损害，养性的本质是对这种善良与单纯的保持和坚守。一个人要提高自我认知，就要注重修身养性，培养自己的道德修养和人格魅力；一个人的道德水平和人格魅力对于自我认知和提升能力有着至关重要的作用，只有通过修身养性，我们才能更好地认识自己的内心和行为，才能更好地应对生活的挑战和压力。

　　香港知名作家亦舒曾在《美丽新世界》中写道："人生短短数十载，最要紧的是满足自己，不是讨好别人。"人生的路途要自己选，生活的态度要自己定，不要受外界的干扰，做好自己，才是最好的人生选择。即使不能去远方，一定要保有一颗诗意的心，让灵魂有栖息的地方。

　　我们应当学习他人的优点，但更重要的是，要做最好的自己。和阳光的人在一起，心里就不容易晦暗；和快乐的人在一起，嘴角就常带微笑；和积极进取的人在一起，行动就很难落后；和大方的人在一起，处事就越发大度；和睿智的人在一起，遇事就不会轻易迷茫；和沉稳的人在一起，做事就更懂得克制……这些，正是人生推动我们不断突破自我、取得进步的关键所在。

3

性质的突破：
量变与质变的双重演绎

从"0"到"1"的成长逻辑是"从无到有"，是质变。动力来自无数次的失败与探索，需要原创、转型和变革等，这是一种求变的思维，是垂直进步、深入进步。

而"1"到"N"的成长逻辑是"从少到多""从小到大"，是量变。动力来自不停地复制与拓展，需要改良、改进和劳动追加等，这是一种求稳的思维，是水平进步、广泛进步。

第五章　创新突破，从0到1的创造

> 梦在前方，路在脚下，不忘初心，方得始终。有梦想很容易，为梦想攀登很困难。
>
> 当我们专注于一个领域深耕时，我们会积累更多的知识，建立更广泛的人际关系，这些都是成功的重要因素。
>
> 在"无路"处索性坐下来，看云雾变化万千。孤独而执着，自由而超脱。
>
> 一个人的格局里，藏着他读过的书、走过的路、见过的人。放大格局最好的方法，就是多历练、长见识，在自己纠结、计较的时候多一份自警、自省。

人都应该有梦想，万一实现了呢

有一种存在，它承载着我们的希望，给我们动力；这种存在看不见、摸不着，却能在我们心中产生一股巨大的力量，它叫作梦想。梦想，如同熊熊燃烧的火焰，照亮我们前进的道路，给予我们无尽的激情与力量。这就是梦想的力量——一个人砥砺前行的动力。

有了梦想，可以唤醒我们的希望，追求自己的新目标。梦想，带领我们超越舒适区，信心百倍地迎接各种挑战和困难，翻越一座又一座山冈。梦想，激发我们的创造力，推动我们不断寻找新的方法和解决方案去攻克难题；鼓励我们思考如何实现看似不可能的目标。不一样的梦想，塑造我们不一样的个性，培养我们的坚韧和毅力，教会我们如何克服挫折，不轻易言败。

有梦想，就有力量，就有希望！它如同明亮的星光，照亮我们前行的路途；亦是人生航程中的指南针，帮我们确定方向；促使我们觉醒，赐给我们宝贵的财富。伟大的成就源于伟大的梦想；人生的突破与成功，源于闪光的梦想。

梦在前方，路在脚下，不忘初心，方得始终。有梦想很容易，为梦想攀登很困难。的确，在逐梦的过程中会遇到各种各样的困难，沮丧、失败、痛苦等，需要一颗坚韧的心来克服。

小时候，我们渴望长大；长大了，我们又期待飞翔；飞翔中，我们又向往远方，这就是我们的梦想。

在中国人民大学读社会学的刘强东，大二时迷上了编程，从此与互联网结下不解之缘，他执着地为自己的梦想而奋斗，在经历多次挫折之后，创建了"京东"这一电商品牌，成为一代商界巨子。

有一个梦想，就有无数个理由去坚持。有一位企业家曾说：我不知道什么叫作成功，我只知道——当你准备放弃的时候，你就失败了。是的，没有坚持，哪来成功的希望？睿智的人，往往赢在不断坚持走下去的最后；而输得一塌糊涂的人，往往败给了自己心里各种各样的退却理由。

2014 年 9 月 19 日，阿里巴巴在纽约证券交易所上市，十五年的坚持成就了阿里巴巴的辉煌，马云将带有阿里巴巴公司 logo 的 T 恤赠送给在场参加上市仪式的嘉宾，T 恤上印着一句话："梦想还是要有的，万一实现了呢。"这句话无疑是一句励志格言。

是啊，路还是要走的，万一走通了呢？业还是要创的，万一成功了呢？日子还是要过的，万一更精彩了呢？机会还是要寻找的，万一找到了呢？……其实，生活有千万种可能，只要我们勇敢地迈出第一步，下一个奇迹就可能属于我们……

梦想是水，浇出生命的苗；梦想是苗，长出生命的树；梦想是树，开出生命的花；梦想是花，结出生命的果。

"乒坛女皇"邓亚萍，18次获得世界冠军。但她的身高不足一米五，当初，很多人认为她不是打乒乓球的料，然而邓亚萍就是酷爱打乒乓球，她梦想有一天登上世界冠军的领奖台，别人觉得她是在做梦，可她说："也许别人觉得不行，说我个子矮，但我不放弃，坚持我心中的梦想，要当世界冠军，一直刻苦训练……"最终，持之以恒的努力终于催开了梦想的花蕾，邓亚萍站上了世界冠军的领奖台，为国家获得了荣誉，也成了一代"乒坛女皇"。想要实现梦想，就要付诸行动。梦想就像一只小鸟，你不能将它束缚在笼子中，一定要伸出双手通过自己的努力让它展开双翅翱翔。

"杂交水稻之父"袁隆平，他的研究成果，不仅使中国率先在世界上实现"超级稻"目标，而且对解决中国乃至全世界的粮食问题也具有重大意义。他说过他的梦想——杂交水稻的茎秆像高粱一样高，穗子像扫帚一样大，稻谷像葡萄一样结得一串串。为了梦想，袁隆平几十年如一日地在试验田中奋斗，是梦想让他能够不断在平凡中发现不平凡。

"中国飞天第一人"杨利伟，他成就了一个古老民族的飞天梦想，也书写了一名青年军人的特殊光荣。杨利伟凭着自己坚如磐石的意志，经过转椅训练、离心机训练、水上应急训练等，带着中国人的梦想与期盼，冲上云霄，实现了中国人的航天梦。他的成功，不仅来自他坚强的意志、过人的才能和忍耐力，更重要的是他有着梦想力量的支撑。

诗人汪国真曾说过："只要春天还在，我就不会悲哀，纵使黑夜吞噬了一切，太阳还可以重新回来；只要生命还在，我就不会悲哀，纵使陷身茫茫沙漠，还有希望的绿洲存在；只要明天还在，我就不会悲哀，冬雪终会悄悄融化，春雷定将滚滚而来。"

朋友，当你有了一个美好的梦想时，请记住要勇往直前，因为追逐梦想贵在坚持。漫漫人生路，会遇到无数的困难，怨天尤人无济于事，长吁短叹于事无补。只有在与困难抗衡的过程中，不断地超越自我、积极进取，才能在人生的道路上突破奋进，绽放出绚丽多姿的人生之花。

认准目标，不断尝试

敢于定目标，勇于去尝试，坚持去努力，人生赢家终将属于那些敢闯敢干的人的。一个人能达成目标，最终靠的是行动，而不是计划。勇于尝试是通往成功的必经之路，想要成功，就要有勇气逼自己去取得成果。

真正厉害的人，一定是行动上的巨人，一旦看到目标便果断前行。或许行动不一定会带来成功，但是不行动一定没有结果。相比之下，有的人则是宁可站在原地想，也不愿往前行走一步。将精力无端消耗于顾虑之中，与良机擦肩而过。机遇偏爱重视它们的人，唯有认准目标、勇往直前，机会才能转变为甜美的果实。

当然，设定的目标要科学，要符合实际情况，否则，很难如愿。

真正拉开人与人之间差距的，不在于情商和智商的高低，而在于能否认清自己的目标。明确自己真正想要的是什么，才是成功的第一步。美国的查理博士，在《4D 卓越团队》系统里，提出了一个工

> 人生就像攀登高峰，只有经过艰苦的努力，才能不断蜕变，不断突破，享受到成功的喜悦。

具，叫作 AMBR 法则（注意力、心态、行为、结果）。这个法则也同样适用于我们的职场，怎样工作更加高效和成功，更容易达成我们定下的目标。AMBR 法则：你的关注点（Attention），加上你的心态（Mindset），影响你的行为（Behaviors），产生你要的结果（Results）。确定你的关注点，调整你的心态，影响你的行为，你会得到想要的结果。这就是 AMBR

法则，一个简单的帮助我们实现目标的法则。

心中有一个目标，走起路来就会更加自信。这个目标就如灯塔，指引前行的道路；目标亦是压舱石，稳定乘风破浪的航船；目标又似泉源，为战胜困难和挑战提供无穷的力量。

在这个喧嚣的世界里，我们往往被各种选择、机会、诱惑所迷惑，容易走上一条茫然无措的道路，最终可能失去自己的方向和目标。

现实中，的确会有很多干扰，这就需要我们找准目标。有几位好友乘船出海钓鱼，返航的时候意外迷失了航行的方向。这时候大家都陷入混乱中，天上一颗星星都没有，没有光亮指引方向，他们不知道该如何行驶船只。有人记起自己带了灯，于是打开灯照向四周，可是微弱的灯光根本看不清周围。就在这时，船上的一位老者让大家把灯都关了。所有人都很疑惑，可是没有更好的办法，只能照老者说的做。灯灭了，四下里瞬间漆黑一片，但过了一会儿，所有人的眼睛都慢慢适应了这种黑暗，他们惊讶地发现，在很远的一处，隐约可见有一片光亮。原来这是海边城镇上的灯光，而那里也正是他们要回去的方向。

排除干扰因素，更容易明确方向。方向就是目标，有了目标，更要坚持不懈地去努力、去奋斗。譬如，我们想挖一口井，有人在某一处挖了半天，觉得此处无水，便换了另一处接着挖。可是，挖着挖着他又觉得没有水，就又换了一处挖井。而另外的人，确定了目标，就在一处深挖下去，最终挖出了一口井。一个成功人士经常考虑的是他的目标以及怎样坚持这个目标。不成功的人则经常考虑其他的问题，并把时间花在批评、抱怨和找借口上。

因此，确定一个方向与目标，坚定地走下去，是通往成功的必要条件。有时候，专注于一个目标还有助于我们建立深厚的专业知识和经验，当下竞争激烈的社会，拥有专业知识和经验是非常宝贵的。当我们在一个领域专注深耕时，我们会积累更多的知识，建立更广泛的人际关系，这些都是成功的重要因素。

善于在无路处找路

有句话很值得欣赏：世路即是心路，心在，何愁无路。唐代诗人白居易说"我生本无乡，心安是归处""心泰身宁是归处，故乡何独在长安"，而这个可称"归处"的"家园"，就是让人回到自己的梦想之地。

人类个体的生命过程没有现成的地方让我们开始或到达，也不存在一个早已被决定的人生历程，只有未知的世界正在等待着我们去发现。诗人王维有一句颇具禅意的诗："行到水穷处，坐看云起时。"仕途失意的他，抛去种种烦忧，独访山水，醉身孤景不肯归。一路往水的尽头寻源溯流，在"无路"处索性坐下来，看云雾变化万千。孤独而执着，自由而超脱，如此的生命感悟，给了后世许多人无穷的精神慰藉。

常言道：路在脚下，更在心中，心随路宽，心路常宽。的确，人生要面临的选择很多，就像走路一样，往往在很多时候会走进死胡同或者分岔口，选择走哪一条路，是我们内心所决定的。心路宽了，路也就宽了；如果心路窄了，那路也就窄了。经过无数次的历练，你一定会明白：在人生的道路上，放下自我，开阔心胸，自己的人生道路会越来越顺，终将会看到美丽的风景。

路有两种，一种情况，路在脚下，是现实的路；这是我们生存的距离，也是我们的生命旅程；它是具体的、现实的，我们可以清晰地看到它的起点和终点。每一段路都有它的困难和挑战，我们必须在路上坚持下去，克服一切障碍，才能到达终点。

还有一种情况，路在心中，是我们的内在驱动力。它推动我们去探索未知的世界，去追求更高的目标，去实现我们的梦想。这条路是我们的动力源泉，是我们坚持不懈的方向。只有心中有路，我们才能在面对困难和挑战时保持坚韧不拔的精神，才能始终保持对未来的希望和信心。

路在脚下，是距离；路在心中，是追求。只有将脚下的路和心中的路结合起来，我们才能走得更远、走得更好。路在脚下，更在心中，心随路转，心路常宽。学会转弯是人生的智慧，因为挫折往往是转折，危机同时也是转机。

脚下有路是一种践行，心中有路是人生的方向。人生，方向比努力更重要。脚下有路，心中无路是一种迷茫；心中有路、脚下无路是一种空想。心随路转，即使到了"山重水复疑无路"的境地，也能走到"柳暗花明又一村"的希望之地。

南宋时期文学家、史学家及爱国诗人陆游，一生仕途沉浮，屡遭排挤，内心充满不平和郁愤。他被罢官闲居在家时创作了《游山西村》一诗，其中有脍炙人口的两句："山重水复疑无路，柳暗花明又一村。"这两句诗，一方面描绘了山西村山环水绕、花团锦簇、春光无限；另一方面则富含哲理，比喻人们在遇到困境时，若用一种方法行不通，可以尝试另一种方法去解决，通过探索去寻找答案。这体现了陆游与众不同的思维与精神——在逆境中依然怀揣着无限的希望。

人生中的挫折总是与成长相伴，每一次挫折都是为成长积蓄力量。世界永远欣赏那些敢于面对挫折、勇于再来一次的人。

创基冰泮之上，立足枳棘之林

"创基冰泮之上，立足枳棘之林"出自《后汉书·列传·左周黄列传》。意思是说，在即将融化的冰块上创立基业，在满是荆棘的丛林中立足，比喻做事的环境危险艰难。

　　用这两句话来形容创业的艰难，再合适不过了。现实中的创业是很多年轻人心中的梦想，但是创业绝非想象中那么简单，不只是资金的问题，更多的还要考虑创业内容、营销策略、经营目标……也正是创业的不容易，阻碍了很多人的创业步伐。

　　创业难，创业路上多少血和汗。创业的艰难远比表面看到的光鲜要多得多，在创业的过程中，资金、市场、人才、管理、人脉，各种各样的问题会让创业者时时有举步维艰的感觉。不要说普通人群，哪怕是走在中国创业大潮前面的许多前辈都曾经历过许多不为人知的艰辛困苦。

　　我们往往羡慕创业者成功的辉煌，却忽视了他们背后付出的艰辛努力、运营的焦虑以及生死存亡时的绝望……任正非曾坦言："2002年，公司差点崩溃。IT泡沫的破灭，公司内外矛盾的交集，我却无能为力控制这个公司，有半年时间都是噩梦，梦醒时常常哭。"那时，华为有几万名员工，且每天还有新员工入职，管理之难可想而知。任正非感慨道："要出来多少文件，才能指导和约束公司的运行，你可以想象混乱到什么样子。你不拿主意就无法运行。"这种混乱高压的状态让任正非第一次理解了那些承受不了压力而选择离职的高管。他说，"工作像把你放在太阳底下烤，你才知道CEO不好当。每天十多个小时的工作，仍然是困难重重。"

　　雷军说，他在武汉大学图书馆里看了一本书叫《硅谷之火》，这本书通过一个个生动有趣的故事，讲述了个人计算机的发展史。其中比尔·盖茨、乔布斯的故事激励了一代又一代的创业者。

> 每一次挫折都是成长与突破的催化剂，只有经历过失败，才能更好地迎接成功。

雷军曾表示，自己在读完这本书后，曾连续好几个晚上辗转反侧，难以入眠，并开始萌生了创业梦想。1991年，从武汉大学毕业后，雷军和朋友创办金山公司，开发WPS办公软件，抗衡微软的Office办公软件。一家不知名的小公司对抗跨国公司微软，注定异常艰难，金山公司曾一度面临"产品失败、业务崩盘、公司差点关门"的困境。在金山，雷军完成了从程序员到企业管理者的转变，经历了企业从陷入困顿到重新崛起的过程。好在他在信念的驱动下，突破了一个个难关，终于都挺过来了。

雷军创业成功的经验很多，主要有以下几个方面：

其一，选择自己能做的最大的市场，大市场能造就大企业，小池子养不了大鱼，方向如有偏差，就会浪费宝贵的创业资源。

其二，创业需要选择正确的时间点，专注做好一件事情，并把事情做到极致，这样才有机会在某个垂直市场做到前列。

其三，投资须谨慎。雷军做天使投资有三条原则：第一是不熟不投；第二是重在投入，他认为，项目可以千千万，但是适合的人难以寻觅。好比"千军易得，一将难求"；第三是帮忙不添乱。雷军在选择投资项目时，通常考虑四个必备条件：大方向很好，小方向被验证，团队出色，投资回报率高。

其四，特别注重团队素质建设。雷军要求自己的创业团队了解用户需求，对市场极其敏感。志存高远且脚踏实地。团队里最好是两三个优势互补的人在一起，互联网领域的创业团队一定要有技术过硬、能带队伍的技术带头人。

从任正非到雷军，他们的经历告诉我们：每一次挫折都是成长与突破的催化剂，只有经历过失败，才能更好地迎接成功。

第六章　乘风破浪，从1到N的拓展

　　把创业者分多个阶段，在不同的阶段投入相应的资源，稳扎稳打，滚动发展，这种做法被称为"步步为营"。

　　我们相信科技的力量是造福人类，而不是毁灭！

　　对于很多创业者而言，阻碍你获得更大成就的，不是别的，正是你过去的成绩。

　　一个好的信仰，能让人懂得珍惜生命，活得明白，活得通透。人生的乐趣，就在于内心的充实和满足。

步步为营　踏浪而行

　　步步为营本是军事上的战争策略，它指的是军队每向前推进一步就设下一道营垒。形容进军谨慎，后来也比喻一个人的行动、做事特别谨慎沉稳。

　　谨慎是策略上的深思熟虑，是行动上的严肃认真。在莎士比亚的戏剧《理查三世》中，英国国王理查三世的逊位就是因为战事准备的谨慎性不足，一步错满盘皆输。

　　1485 年的博斯沃思战役决定着英国王位的继承者。战斗进行的当天早上，理查三世派了一个马夫为他备好最喜欢的战马。

　　"快点给它钉掌。"马夫对铁匠说，"国王希望骑着它打头阵。"

　　"你得等等，"铁匠回答，"我前几天给国王全军的马都钉了掌，现在我得找点铁片来。"

"我等不及了！"马夫不耐烦地叫道，"敌人正在推进，我们必须在战场上迎击敌兵，有什么你就用什么吧。"

铁匠埋头干活，从一根铁条上弄下四个马掌，把它们砸平、整形，固定在马蹄上，然后开始钉钉子。钉了三个掌后，他发现没有钉子来钉第四个掌了。

"我需要一两个钉子，"铁匠说，"需要点时间砸出两个。"

"我告诉过你我等不及了，"马夫急切地说，"我听见军号了，你能不能凑合凑合？"

"我能把马掌钉上，但是不能像其他几个那样牢固。"铁匠提醒道。

"能不能挂住？"马夫问。

"应该能，"铁匠回答，"但……但我没把握。"

"好吧，就这样——"马夫叫道，"快点，要不然国王会怪罪咱俩的。"

两军很快交锋，理查三世翻身策马冲锋陷阵，鞭策士兵迎战敌人。"冲啊——冲啊！"他大声叫喊着，身先士卒冲向敌阵。可是他还没走到一半，胯下的战马的一只马掌掉落，战马跌翻跪倒，理查三世随即也被掀翻在地。他还没有抓住缰绳，受惊的战马就逃走了。

理查三世的士兵只看见逃窜的战马，并没有发现理查三世，纷纷转身撤退，敌人迅速包围了上来。理查三世绝望地挥舞宝剑，无奈最终被敌军俘虏。战斗结束了，"马——"理查三世对天怒吼，"啊，一匹马，我战败就因为这匹马啊！"

从此，人们就说：少了一个铁钉，丢了一个马掌。少了一个马掌，丢了一匹战马。少了一匹战马，败了一场战役；败了一场战役，亡了一个国家。所有的损失都是因为少了一个铁马掌——这正是强调了细节的重要性，关乎做事的仔细、谨慎、严肃、认真。

"一马失社稷"的戏剧化描写中虽然有一些夸张和虚构的成分，但是，战争之中的步步为营，确实来不得半点的马虎随意。今天的高科技领域也同样需要步步为营的谨慎和一丝不苟。

当然，我们也不能因此而裹足不前、故步自封，因为创新前进本来就是冒风险的事情，需要我们在创新的思潮下踏浪而行。霍金说，人生的精彩在于冒险。往往在冒险之中，人会更全面地认识自己。

乘长风破万里浪。步步为营是前进的智慧，踏浪而行是前进的勇气。因为勇气是人生中必不可少的因素，没有勇气，即使拥有更多的能力，也只是徒劳；勇气是在绝望中的再一次挑战，是对自己的一种肯定，是不服输的再一次努力。一个人，不可缺少勇气，没了勇气，你将成为别人眼中的"软骨头"；那些登顶珠穆朗玛峰的队员们，正是因为勇气和坚持到最后的信念，才成功登临世界之巅。

奋斗的征途不可缺少勇气，没了勇气，你将会成为被别人嘲笑的对象。缺乏勇气，就好比一艘迷失方向的船；缺乏勇气，就好比一只无头苍蝇，四处乱撞。做任何事都需要十足的勇气，没有勇气就克服不了困难，没有勇气就改正不了错误，没有勇气就不能成功。

未来的时间里，充满世界的是机遇、是挑战。未来的一切是未知的，没有人确切地知道未来会发生什么，我们不必恐惧，要在理性思考下，勇敢面对风浪，去迎接未知的挑战。

跟上伟大的时代，是做好自己的有效法则

近两年，可以说是人工智能（AI）的爆发增长年。AI技术的发展速度超乎寻常，不仅推动了技术本身的进步，也催生了一系列影响深远的产品，如OpenAI、GPT-3和DALL-E等的出现与变革。这些技术和产品的出现，不仅改变了行业的运作模式，也预示着未来生活方式的转变。我们可以预见AI技术将继续突破界限，不仅在技术上实现革命性的进步，同

时也在社会和文化层面产生深远影响。随着 AI 技术的深入发展，其在各个领域的应用也必将更加广泛和深入，从而持续推动社会的进步和变革。

如何应对人工智能带来的挑战呢？争论不可避免，但是，挑战与突破才是本质。

面对日新月异的技术变革，我们需要不断学习、不断进步、不断探索；跟上伟大的时代，这是做好自己的有效法则。如何跟上时代？首先，需要领悟学习、进步的要领。其次，要保持好奇心，你要对你研究的那门学科感兴趣，这是一切故事的开始。再次，在遇到困难时，要有敢于挑战的勇气。最后，你需要专注并锲而不舍地坚持下去。

在上述几方面，最难做到的往往是专注、坚持。因为外界有很多声音，有很多不同意见，但你必须保持专注。要让自己保持专注、坚持，最重要的一件事是："不要盲目听别人的。"你当然可以倾听别人的见解，但你不能完全相信别人对你说的每一个观点，你必须自己思考。如果你读了很多不同的人所做的不同的报告，而每个报告的观点都不一样，假如每种观点你都相信的话，你就会感到非常困惑。倾听别人的见解，是为了获取信息，但你必须思考，什么才是合理的。

AI 时代正在加速来临，带来挑战的同时，更多的还是发展机遇。ChatGPT 掀起人工智能新一轮热潮，以 LLM（大语言模型）作为核心控制器构建智能体的概念，正在打开人们对 AI 的想象力，催生又一轮创新创业风口，显现"重塑未来"的新可能。

清华大学新闻与传播学院教授沈阳是国内研究人工智能、大模型最前沿的学者之一，他在很多领域都进行了"AI 化"探索。他用 AI 写了篇科幻小说，在评委不知道作品由 AI 创作的情况下获奖；合理使用 AI，声称使他的工作效率提升了 9 倍；妻子身患重病，他用 AI 辅助治疗，最终实现了令人瞩目的罕见疗效；作为清华教授，他很少去学校，全部工作都和团队在线上完成；他认为，只要会用 AI，以后人人都能达到博士水平……

　　沈阳教授认为，我们的终极愿景是实现自然人、虚拟人和机器人的三位一体。在这个愿景中，人类不再是孤立的存在，而是与虚拟人和机器人一起构建一个多元、和谐共生的社会。虚拟人和机器人不仅增强了我们的能力，还拓展了我们的社交和情感界限。

　　而且，在全球技术同仁的努力下，这个愿景正在逐步成为现实。我们的虚拟人和机器人正逐渐融入人类的日常生活，成为技术展示的同时，也是未来社会的一部分。在这个三元世界中，科技不仅改变了我们的生活方式，还加深了我们对生命和存在的理解。我们的后代将迎来一个全新的时代，开启一个崭新的时代篇章。

　　世界在发展，社会在进步。要想在时代的洪流中不被淘汰，就要跟上时代的步伐。要知道，新时代呼唤新担当，新时代需要新作为，新时代开启新征程，生于新时代的年轻人要紧跟时代步伐，走好自己的路，以求真务实的态度，做好自己的事。可以说，在当今竞争激烈的社会中，保持不断学习和进步的态度，是做大做强、获取突破的重要法则。而每一次学习都是一种收获，思维的碰撞、思想的交流、一句简短的话、一次简单的交谈，或许就能让你在刹那间茅塞顿开。

因为优秀，所以难以卓越

　　《从优秀到卓越》的作者吉姆·柯林斯毕业于美国斯坦福大学，是一位著名的管理学专家和畅销书作家，并且是影响中国管理的十五人之一。《从优秀到卓越》的第一章就提出优秀是卓越的大敌，这自然让人惊诧不已，优秀是卓越的前奏，也是必不可少的一个阶段，缘何却成为卓越的大敌呢？

　　正如书中所言，那些发起革命、推行激动人心的变革和实行翻天覆地重组的公司，几乎都注定不能完成从优秀到卓越的飞跃。无论最终结局有多么激动人心，从优秀到卓越的转变从来都不是一蹴而就的。在这个过程中，根本没有单一明确的行动、宏伟的计划、一劳永逸的创新，也绝对不存在侥幸的突破和从天而降的奇迹。

对很多创业者而言，阻碍你获得更大成就的，不是别的，正是你过去的成绩。缺点很难改正，尤其是模式形成后很难被改变，这也是能力的陷阱。所以当一个人或管理者被赋予更高的要求和期待的时候，不断复盘是迈向卓越的答案。

之所以说优秀的人很难卓越，本意是想强调，无论何时，我们都不要认为自己非常优秀。同事中越是业绩好的，越爱加班；企业界越是大公司，越有危机意识，都是这个道理。或者反过来说，一旦认为自己非常优秀，基本上就很难再进一步变成卓越了。因为优秀过了头就会自满、自骄、不求进取，当你认为自己无所不能的时候，就是最危险的时候。

> 冰冻三尺，非一日之寒。从优秀到卓越的跨越，是一个过程、一种升华，是经过大量积累，在有充分准备的基础上实现的突破。

优秀只不过是尽本分而获得的一句评价，卓越则是不需要任意评说的，卓越是建立绝对优势，是令追随者难以望其项背的加速效应。优秀可能保持于一时一事，而卓越逐渐成为一种习惯，并渗入日常，将优势的地位保持得更加持久稳固。

而现实中很多人虽然优秀，却难以卓越。主要是因为一方面对所做的事缺乏持久的兴趣和动力，没有后劲；其次，有的人处处显示自己的优秀，不给别人表现的机会，从而失道寡助。另一方面，又因为阶段性的成功而骄傲自满，没有形成正确的价值观，必然不长久。所以，老子说："知其雄，守其雌；知其白，守其黑。"意思是，领导者深知荣耀的好处，却把荣耀让给别人；深知刚强的方式能让别人畏惧，却偏偏用谦卑的方式让别人发自内心去遵从。此为境界。

　　研究发现，为什么很多优秀的人很难卓越，很大一个原因就是害怕失败。普通人遭遇失败无所谓，谁不是在失败中慢慢成长的呢？可优秀者不行，从小就优秀的人，是自带成功光环的，自然特别谨慎；他们特别害怕失败，因为失败的代价太大，失败会严重削弱他们成功的光环。很多名人在成名之前，就是一个普通人，跟芸芸众生没什么区别。但是，他们硬是凭借着打不死的自强精神，完成了逆袭。

　　阿里"参谋长"曾鸣提醒我们，对于追求卓越的公司来说，需要警惕仅仅停留在优秀的诱惑上，这看起来足够好，但的确是卓越的大敌。在创业过程中，很多公司容易滑入优秀的"陷阱"中，去实现那些短线目标，从而获得成就的快感，然而在优秀的"陷阱"中投入努力、获得认可，可能离一家卓越的公司越来越远。追求卓越的过程可能充满了挫败，但这个过程本身就会让你和企业无法被替代。

　　平庸的人死守规则，优秀的人利用规则，卓越的人创造规则。优秀的人，未必有太多创造力、决断力和魄力，也不愿冒险失去对现有规则的驾驭。人和人的差别主要还是在于选择。选择从深层次来讲是价值观的不同，而价值观的层次从根本上来讲，还是在于选择——选择长期利益还是短期利益？选择符合自己实际的还是选择面子上的？

　　《从优秀到卓越》对世界上众多大型公司进行了深入研究，它告诉我们什么是卓越。很多人和公司，当做到优秀的时候，总会觉得"很好，维持现状就可以"，一旦做到卓越的时候往往都是觉得"其实还可以更好"。这也就是人们常说的"只有更好、没有最好"。一方面，希望自己做得更好，仅做到优秀是不够的，应该追求卓越的突破性进展和长久的可持续发展。另一方面，当领导不计个人得失时，往往能发挥出超常能力。明确每个管理人员的责、权、利是非常重要的，也是直接影响公司发展甚至走向卓越的主要因素。

公司从优秀到卓越，跟从事的行业是否在潮流之中并没有多大关系，事实上，即使是一个从事传统行业的企业，即使它最初默默无闻，它也可能卓越。相反，一些优秀企业，却因为种种羁绊，不容易走向卓越。

的确，从优秀到卓越公司的转变是一个积累的过程，是一个循序渐进的过程，从优秀到卓越的飞跃绝对不是一蹴而就的。卓越的公司不是靠一次决定性的行动、一个伟大的计划、一个好运气或灵光一闪而造就的。相反，转变的过程好像无休无止地推着巨轮朝一个方向前进，累积的动能越来越大，终于在转折点有所突破，一跃而过。

总之，就我们生活中追求突破与进步的人而言，对于一个问题的认识，绝不能仅从表面上去理解，而应该懂得背后的逻辑。可以说，优秀是我们每个人都要追求的目标，在达到卓越之前，你要想方设法地把自己变得优秀。想从优秀跨越到卓越，就不能骄傲自满，患得患失，就一定要记住，自己永远都没有那么优秀，人生的进取与突破永远在路上。

把追求当作信仰

罗曼·罗兰曾说："人这一生，最可怕的敌人，就是没有坚定的信仰。"一个好的信仰，能让人懂得珍惜生命，活得明白，活得通透。人生的乐趣，就在于内心的充实和满足。唯有信仰才能遇见更好的自己，才能不辜负生命的韶华。

华为技术有限公司承受着来自国际上多方面的压力。但任正非没有消沉，而是高呼：要把打胜仗，作为一种信仰。因为华为除了胜利，无路可走！

想要的，努力争取；得不到的，舍得认命。想要享受美好，我们首先要学会放手一搏。拥有梦想，便要奋力追逐，人生常怀希望。然而，世事难料，没有谁能事事顺遂。对于真正属于自己的，不要轻易放手；对于不属于自己的，则要学会舍得放开。死拽着不属于自己的东西，放弃追求自己的真正梦想，是一种悲哀。

追求是一种信仰，放下是一种境界。所有离开实践的空想都只能是空中楼阁，工匠精神的丰碑需要用汗水来浇筑。工作生活中，一方面，需要认清自身的方向和目标，担负职业道德和社会责任；另一方面，需要耐得住寂寞，板凳能坐十年冷，不以小利作为衡量工作价值的标准，重复和枯燥何尝不是磨炼意志和锻炼耐心的利器。

美国有个作家叫斯蒂芬·盖斯，他以自己的亲身体验写过一部作品《微习惯——简单到不可能失败的自我管理法则》。斯蒂芬·盖斯曾是个天生的懒虫，为了改变这一点，他开始研究各种习惯养成策略。从 2012 年末开始，斯蒂芬·盖斯给自己制订改变计划：每天的运动计划——每天做 1 个俯卧撑；读书计划——每天读 2 页书；写作计划——每天写 50 个字。两年后，他拥有了梦想中的体格，写的文章是过去的 4 倍，读的书是过去的 10 倍。微习惯策略比他用过的一切习惯策略都有效，于是便有了那本书。

这种做法的创意是从哪里来的呢？斯蒂芬·盖斯在书里讲过一则关于猫的故事。他家的宠物猫很怕雪，第一次，他把猫直接放到雪地上，小猫很害怕，迅速地跑回屋里了。第二次，他把猫放在雪地的边缘，这时候，小猫开始好奇、试探，慢慢地，自己走到雪地上了。其实，我们的潜意识也像那只猫。小心，别让自己的"大计划"把它吓跑。

我们都希望追求高远的目标，很远、很高的目标的确能够体现人的气魄；但是，远与高的目标需要无数个微小的目标来铺垫，实现了一个个小目标，才能实现大目标。是的，把追求的目标定得小一点，小到你完全自主，小到你毫不费力就能掌控，小到你不会在任何人面前失败。起步低一点，切口小一些，不懈追求，勇往直前；把追求当成信仰，终将有一天会成功。

　　心中有信仰，脚下有力量。英国作家塞缪尔·斯迈尔斯在《信仰的力量》一书中写道："能够激发灵魂的高贵与伟大的，只有虔诚的信仰。在最危险的情形下，最虔诚的信仰支撑着我们；在最严重的困难面前，也是虔诚的信仰帮助我们获得胜利。"

　　有人把生命的意义分为意义拥有和意义追求两个维度。意义拥有是：你能感受到自己的生命拥有什么意义，清楚自己在追寻什么；意义追求是：你还在思考和探索，生命还有什么意义，我到底该追寻什么？

　　世上的人对于追求各有千秋，这无可厚非。大多数人的生活简单而重复，但一样充实、有意义。对年轻人而言，迷茫是正常的，因为这就是青春本来的样子。生命的意义不完全是想出来的，是需通过不懈追求方能获得。与其徘徊不定，不如坚定信念，努力追求。

　　突破自我，需要有非凡的远见，正如登山时，若只看脚下，惧怕前方的悬崖，必然畏首畏尾；若能将眼光看向整个山脉，你就可能体会"会当凌绝顶，一览众山小"的气概。

4

第四部分

路径的突破：
模仿、创新与依赖、突破的逻辑辩证

　　一叶知秋，窥一斑而知全貌，此之谓路径使然。一株嫩芽的萌发，就意味着一丝绿色有了蔓延；一片落叶的凋零，就意味着一个牵挂有了回归。

　　路径的获得，可能是模仿，抑或是创新；但是，当我们对路径形成依赖的时候，就必须寻求突破。因为，只有突破路径依赖，才可以最终抵达梦想的彼岸。有什么样的路径，就会有什么样的结果。

第七章　天旋地转，万事开头难

《礼记·中庸》中说："言前定则不跲，事前定则不困，行前定则不疚，道前定则不穷。"

意思是：说话前做好准备，就不会因理屈词穷而站不住脚；行事前做好准备，遇到困难就不会手忙脚乱；行动前有周密的计划，就可以避免出错或发生让人后悔的事；出发前选定道路，就不会无路可走。

过于追求他人的风格和技巧，而忽略了自己的个性和创造力，不仅难以获得成功，还可能失去自我，导致自己缺乏真正的价值和生命力。

主观方面可以多努力，客观因素并非一两个人可以决定的，需要更多的观察，审时度势。

凡事预则立，不预则废

北宋有一位画竹远近闻名的画家，每天都有不少人登门求画。有人向他求教画竹的妙诀。画家说并没有什么秘诀，就是在自己家的房前屋后都种上青翠的竹子。无论春夏秋冬、阴晴雨雪，经常去竹林观察竹子的生长变化情况，琢磨竹枝的长短粗细以及叶子的形态、颜色等。每当有新的感受就回到书房，铺纸研墨，把心中的印象画在纸上。日积月累，竹子在不同季节、不同天气、不同时辰的形象都深深印在他的心中。他只要凝神提笔，在画纸前一站，平日观察到的各种形态的竹子立刻浮现在眼前。所以他每次画竹，就非常从容自信，画出来的竹子，无不逼真传神。

　　当人们夸奖他时，画家总是谦虚地说："我只是把心中琢磨成熟的竹子画下来罢了。"后来，和画家同年代的朋友——诗人晁补之深有感触，称赞画家："胸中有成竹。"意思是，在画竹子前，心里早就有了完整的竹子形状。后来，就形成一个成语"胸有成竹"，告诉我们一个道理：无论做任何事情之前，都应该在动手前做好准备，做到心中有数，否则遇到问题就会手忙脚乱，难以避免地出现一些错误。

　　其实，这个故事用一句俗语来概括也是很合适——"凡事预则立，不预则废"。意思是，做任何事情，事前有准备就更容易成功，没有准备就容易失败。说话先有准备，就不会因词穷理屈而站不住脚；行事前有周密的计划，就更容易避免发生错误或让人后悔的事。"凡事预则立，不预则废"是一句流传千古的名言，道出了计划对成功的重要性。

　　画家绘画如此，推而广之，这里的"预"不仅是指预先准备，还包含预测、规划、策略多个方面。只有通过全面的"预"，我们才能更好地把握未来的趋势和变化，为自己的人生和事业制订出合理的规划和目标。现实中，我们常常遇到这种情况，没有"预"，就会带来麻烦。譬如，工作中需要面对各种突发情况，如果没有事先制订好应对策略和规划，就很难在紧急时刻做出正确的决策。又如，在创业过程中，我们需要对市场、竞争对手、技术趋势等进行全面的分析和预测，才能找到成功的方向。

　　预则立。有了预，就能更好地抓住机会，就会用好机遇。一个人，无论你多么勤奋，多么有才华和本领，如果不善于抓住机遇就很难成功。曾经有人对比尔·盖茨等成功人士进行过研究，研究发现：对每个人一生中有重大影响的机遇只有六七次，但是，这仅有的六七次机遇，任何人都无法做到每次都能抓住。这便是机不可失、时不再来的道理。

　　居里夫人说，弱者是在等待时机，强者却会创造时机。一个人的成功有偶然的机会，但偶然机遇被发现、被抓住与被充分利用，却又绝不是偶然的。机遇只给有准备的人，所以我们要把握机会，需要不断提高自身驾驭机会的能力，增强实力，厚积薄发。

　　机会永远垂青于有准备的人。当机遇来敲门的时候，你要立刻行动，要是犹豫着该不该起身开门，等你想好去开门时，它早已去敲别人的门了。

　　有时候，我们可能不是第一个想的人，但我们可以是第一个做的人。抓住自己的灵感，抓住身边的机会，有想法就要勇敢去尝试，这样往往会有意想不到的收获。只有当脚步迈出去，才会知道，原来机会就是在不断行动中产生的。

　　也许你抱怨过，比如，上课时老师讲的内容是否总是让人一头雾水，让你茫然无处下笔？你是否无奈地面对那一张张布满红叉的试卷，后悔当初不努力？学习就像跑步，刚开始所有选手都在同一起跑线上，大家都有一样的目标——到达终点，胜利就在前方。我们要相信胜利的花环往往环绕在有准备的人身上，因为成功通常只留给有准备的人。

　　也许你抱怨过机会总是不曾为你停留，你是否烦恼过时间总是把你远远地甩在身后？生活就像一个大舞台，每个人都在其中扮演着属于自己的角色。也许你不知道你下一刻的命运将会如何，但是请相信好运终会眷顾有准备的人，因为成功通常只留给有准备的人。

　　还记得"水滴石穿"的故事吗？在目睹水滴石穿之前，你相信这样的奇迹吗？恐怕很多人都不敢相信！可是，水滴以自己柔软的身躯硬生生地创造了属于自己的奇迹。这，是它努力、坚持不懈的成果，更是它用心准备的结果。

　　不少人都是听着"龟兔赛跑"故事逐渐成长的。年少时的我们，总是想不明白为什么兔子会输？假如比赛重来一次，兔子会不会赢？可是，兔子仅仅是因为贪睡而输掉了比赛吗？或许有这方面的原因，但更多的是轻视对手的结果。可见，用心准备是多么重要！如果兔子不改变轻敌的态度，不做好准备，即使比赛重来一次，兔子还是会输的。

　　时间的车轮碾过春秋，碾过夏冬，带走了我们的年少时光。从迈进新学期、新学校的那一刻起，我们就要做好准备，迎接新的挑战，我们的肩上背着不可推卸的责任。不管是学习上还是生活上，我们都要像雄鹰一样勇敢坚强。面对人生征途上的挫折和困难，我们不仅要勇敢面对，更要用心准备，唯有做好足够的准备，我们才能扬起风帆、乘风破浪！

　　让我们用心准备，迎接挑战，相信成功会留给有准备的人。

学我者生，似我者亡

　　"学我者生，似我者亡。"这句话是齐白石先生对其关门弟子许麟庐说的。许麟庐临摹齐白石先生的虾画，达到了炉火纯青的地步，一般人分辨不出。那时有很多人想学齐白石先生画的对虾，但都不得要领。许麟庐曾经为此很得意，甚至有一些飘飘然。

　　有一次，齐白石找了一个恰当的机会，对许麟庐说了这句话。齐白石的意思是，你要学我的"心"，不能学我的"手"，学我的"手"没有用。不"泥其迹"，要"师其意"。也就是说，虽然要学习，但是还要有自己的思考，要有自己的灵气、风格，有了自己的灵气、风格，才有出路。你没有自己的风格，临摹得再像，也只是赝品。

　　用齐白石自己的话说："夫画道者，本寂寞之道。其人要心境清逸，不慕名利，方可从事于画。见古今人之所长，摹而肖之能不夸；师法有所短，舍之而不诽；然后，再观天地之造化，如此腕底自有鬼神。"

　　齐白石以他的绘画经历告诉我们，学画的确可以从临摹入手，无论是古人的作品，还是现代人的作品，只要有长处、有优点，就应该仔细地临摹下来；但是，这仅是绘画学习的一部分，而不是全部，即便临摹得很像也不应该夸耀，因为这只是向传统技法学习而不是创作。真正的创作是融入自我的个性、表现自己的思想、形成自己的风格。

　　如果过于追求他人的风格和技巧，而忽略了自己的个性和创造力，那么，不仅难以获得成功，还可能失去自我，导致作品缺乏真正的价值和生命力。因此，"学我者生，似我者亡"提醒我们在学习中要保持独立思考和创新，既要借鉴他人的经验和技巧，又要保持自己的独特风格和个性，这样才能在创作中获得真正的成功和价值。正如画家吴昌硕的主张："学我，不能全像我。化我者生，破我者进，似我者死。"

所谓"学我者生"，就是告诉我们要灵活，不能机械主义、教条主义。要做个好学生，那就是"学我者生"。历史也好，现实也好，具体的情况完全不一样，只能实事求是。表面看见和讨论的东西，都只是表面，不是本质。

所谓"似我者亡"，就是说，看到别人成功了，于是照搬照抄别人的经验，结果却失败了。你看见人家成功，也知道别人具体是怎么取胜的，自己也学得一模一样，却落得惨败下场。为什么呢？因为，这是知其然而不知其所以然。别人根据当时的条件，选择那样做。换到你去做的时候，那些成功的条件可能就不一样了。

"学我者生，似我者亡"这两句话的哲理，不单单体现在艺术创作领域，其实在商业领域，也是如此。的确，创业初期，不必盲目去开创什么新模式，也不必跟别人处处不一样，因为在初期，你的目标是活下去，所以先模仿，尝试学习那些赚钱的公司或者赚钱的商业模式就行了，不一定非要搞原创。等有了实力，再来进行升级规划。

现实中，有的人的确会迷信别人成功的经验，但是别人成功的经验就一定要完全复制吗？我们只要全部照做，就会成功吗？好像只要一个企业获得了成功，就全是成功的经验，一个企业一旦衰落，那么所做的一切都是失败的教训。其实，全盘照搬和全盘否定都是不客观的，应该选择性借鉴学习，结合实际情况灵活应变。

成功的经验和方法，都是有特定的前提条件和适用范围的。如果只知道生搬硬套，没有自己的思考和理解，只能落得个邯郸学步的下场。

学我者生，似我者亡。它肯定的是创新的精神，它突出的是创造的力量。有人说，在人类日益拥挤的生存空间里，唯一能使人摆脱拥挤感觉的，不是别的，只能是创新之路。

还记得荣获诺贝尔生理学或医学奖的中国女药学家屠呦呦吗？她从传统中药——黄花蒿中提取出能够治疗疟疾的青蒿素。但在此之前，中医并未被世界普遍认可，尽管它有显著的治病效果，却难以用现代科学进行全面解释。屠呦呦提取青蒿素的灵感，源自东晋葛洪所著的《肘后备急方》。这一成果不仅融合了中医经典方法，还与现代西医理论相结合，推动了中医药在全世界范围的传播和应用，而这也要归功于创新的作用。

创新，是一种力量，是敢为人先。它既体现在伟大的发明中，也可以体现在平凡生活中的小事上。关键要有创新的思维和创新的习惯。

不要把创新寄望于一时的灵感发现，创新并非一朝一夕的事。因为满树繁花的背后，是一朵朵平凡却带着芬芳的小花。小创新也蕴含着大智慧，比如，学生可以在学习上进行微小的创新。当面对一道数学题而不满足于仅有的解题方法时，你便可以去探索，寻找一种拥有自己独特思维方式的方法。你还可以用联想记忆的方法来背单词，这也不失为一种小创新。生活中的小发明、小创造都是创新，都蕴含着丰富的智慧。

创新不只是方法，更是一种精神，不能只局限于大的方面，也要在我们学习、生活的各个方面发扬光大。关键要有创新的意识并付诸行动。诗人歌德说过："要成长，你必须独创才行。"的确，一个人若要不断成长，不断进步，就要敢于创新，不做机械、僵化的模仿者。

人生中最困难者，莫过于选择

《朗读者》第一季第三期谈的是选择，里面有很多话值得细细体会。生存还是毁灭，这是一个永恒的选择题。以至于到最后，我们成为什么样的人，可能不在于我们的能力，而在于我们的选择。

　　的确，选择无处不在；不一样的人，选择是不一样的。面朝大海，春暖花开，是海子的选择；人不是生来被打败的，是海明威的选择；人固有一死，或重于泰山，或轻于鸿毛，是司马迁的选择。

　　选择是一次又一次自我重塑的过程，让我们不断成长、不断完善。如果说，人生是一次不断选择的旅程，那么当千帆阅尽，最终留下的，就是一片属于自己的独一无二的风景。

　　《哈利·波特》里有一句话：决定我们成为哪类人的，不是我们的能力，而是我们的选择。而选择对人最大的考验是智慧与良知，还有实际的能力与外界给予我们的资源。有一年，法国一家报社举办了一个有奖竞答，其中有一道题目是：如果卢浮宫着火了，你选择救哪一幅画？最终，获得金奖的答案是：我选择离门口最近的那一幅画。所以说，选择是一种智慧，而我们的人生，也是一次又一次选择的结果。

　　作家莫尔曾说：人生中最困难者，莫过于选择。越王勾践面对破碎的江山，毅然选择了卧薪尝胆；司马迁为了史书的传播，甘愿承受屈辱的宫刑；而喜剧大师卓别林，年少时因相貌不佳受到别人嘲笑，却选择将这份"不佳"转化为喜剧舞台上的"上佳"的表演。

　　1983 年，乔布斯为了说服当时的百事可乐总裁约翰·斯卡利加入苹果公司，讲了那句著名的话："你是想卖一辈子糖水，还是跟着我们改变世界？"乔布斯对选择总有一种明确和认真的态度。可以说，正是这份"改变世界"的选择，才造就了他非凡的人生。

　　美国著名影星克里斯托弗·里夫曾言："一旦你选择了希望，一切皆有可能。"人生之路多坎坷，面对抉择，我们要学会理性思考和坚定信念，坚守内心的信仰和原则。每一次选择，都在塑造我们的人生，决定我们的成长和幸福。选择，作为人生不可或缺的一部分，需要以智慧和勇气去面对，走出自己的道路，活出真实的自我。

第八章　寻找支点，从关键环节突破

生活虽然一地鸡毛，但仍要继续前行；成长之路虽有玫瑰有荆棘，但什么都不能阻挡坚强的心。

"打蛇要打七寸""牵牛要牵牛鼻子"，抓重点就是抓住一个系统中的"最优解"，通过这个系统"最优解"来解决整个系统的核心问题。

当一个企业可以做"一米宽、一万米深"的时候，它在这一行业中的每一次突破都可以带动整个行业的进步。

一个人需要既善于站在全局、大局和长远利益的思维角度看问题，又善于从细微处、小节上扎实用力，一步一个脚印。既要仰望星空，也要脚踏实地。

只要思想不滑坡，办法总比困难多

"只要思想不滑坡，办法总比困难多"是一句流传甚广的俗语，意思是，只要你勤于思考肯动脑筋，总能找到攻克难关的方法。这句俗语来源于生活，是劳动人民的智慧结晶，是实践经验的总结。

困难处处有，只是有大和小，困难是人生的常态。而面对一个个困难与问题，有一种典型的失败思维，那就是逃避。小有小的困难，大有大的麻烦；国家有国家的困难，家庭有家庭的难处；领导有领导的苦衷，员工有员工的烦恼……纵然是富可敌国的人，也会有我们想象不到的困难。困难可谓无处不在处处在，无时不有时时有。

当人们身处困境时，通常有两种处理方式：一是一味抱怨。埋怨自己生不逢时，有才华却无用武之地；或责怪外界环境不佳，使自己陷入困顿。二是积极行动。面对困难不退缩，积极思考，用灵活的思维和巧妙的办法解决问题。与之相对应，两种处理方式也会产生两种截然不同的结果：一味抱怨的人，往往仍在抱怨，因为他们仍旧身处劣势而没有丝毫变化；积极行动的人，则会开怀一笑，因为他们已经用头脑与行动化解了困难，甚至能将原本的劣势转化为优势。

生活虽然充满了挑战与不易，但我们仍要勇敢前行；成长之路虽有玫瑰也有荆棘，但什么都不能阻挡坚强的心。克服困难的关键就是找办法，而且只要去找，就总会有办法。在工作中，我们难免会遇到一些困难和障碍，不要害怕，要知道，成功的人往往不是赢在起点，而是赢在关键的转折点。面对困难，我们应该坚强面对，努力开动脑筋，想出解决办法，这样，我们就能迎来新的转机。

常言道，困难只是成长的垫脚石。只要用心去找方法，再难的问题都有解决之道。通用电气公司前 CEO 杰克·韦尔奇说："在工作中，每个人都应该发挥自己最大的潜能，努力工作，而不是耗费时间去寻找借口。"我们正是在不停与困难较量和斗争的征途中，过了一关又一关，进了一步又一步，走了一年又一年。困难让我们变得强大、变得成熟；我们在困难中求生存，在失望中找希望。走出困境，便是一片新天地。心胸有多大，世界就有多大；被困难打倒的毕竟是少数人。

> 成功的人不会埋怨无路可走。变换思路，就能找到新的出路。所以，在工作中不要害怕问题和困难，要知道，凡事必有解决的办法。只要我们努力去想办法、找方法，难题就能迎刃而解。

有困难不可怕，可怕的是不敢面对问题，甚至想办法掩饰问题。其实，是问题，也是机会！就看你怎么面对与解决问题。遇到问题，先改变思维，再思考解决之道，把问题化为提升自我的机会。

龙小云在《你在为谁工作》一书中列举了一系列问题并将其视为机遇的例子。具体如下：

公司的问题，是我们晋升的机会；

客户的问题，是我们销售的机会；

自己的问题，是我们成长的机会；

同事的问题，是我们建立人脉的机会；

老板的问题，是我们赢得信任的机会；

竞争对手的问题，是我们变强的机会。

近年来，一句流行语深刻地道出了行动的重要性："想都是问题，做才是答案。"那么，作为一位创业者，应如何面对自己的企业呢？企业的发展要注意运营方法与思路；规划要强调精打细算，制定合理的预算；在市场上要注重动态调整，灵活应对各种变化；对客户要深入研究，精准定位；运营要关注内部管理，提升工作效率；发展要坚持不断创新，抓住机遇；人才是企业发展的关键因素，要强化团队建设，促进团队成员的共同成长。

创业并非易事，它如同一场马拉松，需要长期的坚持和不懈的努力。但只要我们能够认清形势，充分准备，不断学习和适应，每一个创业者都有可能在这场赛跑中抵达成功的彼岸。记住，最重要的不是起点，而是你如何跑完这一程。

还是那句老话，只要思想不滑坡，办法总比困难多。等不是办法，做才是答案。现实中一些人总是强调"客观原因"，似乎都不是自己的错，把责任推得一干二净；以这样的语言遮掩自己的畏难情绪，似乎心安理得了，说到底还是主观上出了问题。

有句话说得好，困难像弹簧，你弱它就强。它形象地说出了主观能动性和所谓"客观原因"之间的关系。主观能动性一弱，困难就容易越积越重；而直面困难，相信自我，持必胜信心，蓄积能量，总会找到解决的办法。关键还是愿不愿意去干，愿不愿意去千方百计地想办法。

何况，没有绝对的客观，也没有绝对的主观；面对具体的问题，主观与客观并非划分得清清楚楚的！天下有什么事是客观条件完全具备、一点困难都没有的吗？恐怕是没有的。想干成事，总有办法；不想做事，总有理由。凡事还是少在客观上找原因，多从主观上找问题，事情才能真正办好。

找到支点，纲举目张，以点带面

古希腊物理学家阿基米德曾说："给我一个支点，我就能撬起整个地球。"他的话语中透露出人定胜天的豪情，尽管地球那么大，人那么小，但只要能找到一个巧妙的"支点"，即使渺小如人，也可以把巨大如地球的庞然巨物撬动起来。人生难免会有不堪的时候，我们真想对天呼喊：给我一个"支点"吧，让我撬动这如"地球"一般压在我们身上的困难。

阿基米德的这句话后来常被人们引用到人生的发展领域，梦想着谁能给一个支点，撬动起自己的人生，干出一番事业，奏出人生的华章。有时候我们也会听到一些人的感叹和抱怨，没有人给他一个支点，让他英雄无用武之地。其实，凡事都有一个支点，这个支点是促使事业成功的关键。那么，这个支点是什么？是什么重要到它可以贯穿你的整个人生？当然是能够体现自己生存价值的那个点了，找到这个价值就是找到了支撑自己人生的支点。

那么，人生的支点是什么？一项技能？一个本领？还是其他什么？不管哪一种，哪怕很不起眼，但只要你能把它磨炼到极致，以之为他人提供服务、提供价值，就是一个不错的支点。人生需要一个支点，找到最能打动你的事情，把自己的心血注入其中，在这个支点上，就能开出花。

人生的支点因人因时因地而异，但无论工作、生活还是人生，我们都需要"自信"这个支点。有了信心，才能挖掘自己的天赋，培养自己的优势，不断磨炼自己，逐步突破自己，把工作做得更好，把日子过得更美。世界再嘈杂，有了支点的内心，始终是安静平稳的，不会随波逐流。

支点是客观存在的，有了支点，做事就有了依靠。只是，支点并非躺在阳光下，更多的情况是躲藏起来的，需要我们用智慧去识别出来，需要能力来找到这个支点。至此，我们以无所畏惧的气魄，以一往无前、百折不挠的进取精神，去寻找能够支撑成功的支点，撬动起自己的人生。当然，站在前人的肩膀上寻找成功的支点，汲取前人的智慧，是智者的表现。

我们知道，根据杠杆原理，只要杠杆的动力臂足够长，用一定大小的力就可以撬起任意重的物体。创业公司想要 10 倍速地扩张，需要的就是聚焦一个细分市场，找到一个战略支点，全力以赴。对创业公司来说，创业公司的战略支点是什么？创业公司的战略支点就是，可以撬动整个细分市场的某一个单一的核心要素（目标）。乔布斯选择以产品为中心，马斯克选择用技术推动产值增长，贝索斯选择以顾客为中心。

有时候，支点就是重点。任何事情，无论多么复杂，都会有一个起主导地位的支配性矛盾，被称为主要矛盾，抓住了主要矛盾，其他的矛盾就迎刃而解，这就是提领而顿，百毛皆顺。

当然，人生的支点不止一个，就像火车之所以能在铁轨上前进，是因为有许多根枕木支撑着一样。时间不同，地点不一样，我们的初心也会不一样。想让事业成功，关键在于能否找到一个使你全力以赴，使你的优点和长处得以充分发挥的职业和环境，或许，这也是你的支点。人生需要一个支点，一个能给你智慧、勇气、方向、力量的支点。

积极心理学创建人之一马丁·塞利格曼精辟地阐述了支撑幸福感的三

个支点：享乐、投入、意义。享乐，代表的是"愉悦的人生"；投入，代表的是"沉浸的人生"；意义，代表的是"有价值的人生"。这三个支点撑起了一个幸福三角，决定了人们在心理层面上对当前生活的满意度。

我们再看一个历史故事。战国时期，有一个人叫毛遂。他作为一个普通的门客，自告奋勇跟随平原君出使，到达楚国后展现出超乎他人的聪明才智，迫使楚王出兵救援赵国。具体说来，战国时期，赵国在长平之战后国力衰竭，秦军再次围攻都城邯郸之际，赵国势如危卵，平原君临危受命，出使楚国争取救援；默默无闻的门客毛遂，自告奋勇主动请缨，得以随行前往。

在平原君与楚王会谈陷入僵局之际，毛遂执剑挺身而出，陈述利害说服楚王，促成了两国合纵之盟；楚王于是发兵救赵，化解了赵国危机。毛遂则以"以三寸之舌，强于百万之师"而名满天下，成为平原君的"上客"，演绎出了一个自告奋勇、一战成名的励志故事。

"毛遂自荐"后来成了一个广为人知的成语，它蕴含着深刻的道理：有才能的人还需要有机会去施展，真正有才能的人是不会浪费自己的本领的。即使别人没有给予机会，也要主动出击，去创造机会。一旦机遇成熟，他们便无需依赖他人的推荐。相反，畏缩不前，只会在碌碌无为中浪费自己的才华和本领。

毛遂自荐的成功有三个关键支点：一是勇气；二是机会或舞台；三是能力。毛遂敢于自荐，说明他不甘平庸，希望自己在有限的生命里有一番作为。在平原君手下三年，一直没给他表现的机会，但他并未放弃，而是选择自己争取，这需要极大的勇气；二是平原君听了他的一番陈述，觉得有道理，于是给了他展示的舞台；三是他靠自己的能力说服了楚王，签订了合约。

凡事皆有因果，我们在羡慕别人取得的成就时，一定不要忽视他人背后的付出和努力。

做"一米宽、一万米深"的事

管理学中有一个著名的木桶理论，一个木桶能装多少水取决于最短的那块木板。以前上学，不管中学还是小学，老师都一再强调不能偏科，因为最差的那一门课会拉低总分。几乎所有的考试都是以总分来决定名次的，所以老师一直强调要全面发展，要求学生各门功课做到齐头并进。这样我们大多数人都形成了一个思维定式，要把精力放在多门课程上，综合发展才最稳。

木桶理论给人最大的影响是造成人的思维定式，总希望自己是全才，似乎什么都会，结果很可能是什么都不精，因为没一个专业的。就像一个运动员，如果把每天的时间分成三份，分别练习长跑、游泳和跳水，各项运动都不错，没有短板，但很可能没一项能拿冠军。

社会在发展，更加需要的是专业的人才，需要高精深的突破，那就需要从木桶理论形成的思维定式中跳出来，做好一件事。

商业导师顾均辉在谈到工匠精神时，提倡要做"一米宽、一万米深"的事，做事要像打井一样，只需要打一米宽的井口，如果能坚持向地下打，打一万米深的话，就会得到很多水；反之，打一万米宽的井口，却只有一米的深度，又能得到多少水？一米宽的井口很窄，但有一万米深，就能收获大量的水资源。坚持不懈、锲而不舍就是工匠精神，"一米宽、一万米深"告诉我们做任何事情都要专一，把一件事情做好、做扎实，就会有意想不到的效果。这给我们的反面启示是，做任何事情不要盲目贪大求全，要的是在某一个领域、某一个行业做透、做精，就会自然而然地达到做强、做大、做专、做精、做深的目的。

一米宽、一万米深，是一种"求专业、求深度而非求广度"的精神，选择你感兴趣的事，努力深挖，持续扩大自己的长项，对于自己不会的短板，不妨交给别人来做。

一米宽、一万米深，追求的是专业，别无他求。未来考验的是专业，考验的是一个人无可替代的能力，而不再是随波逐流和人云亦云。这个时代会给每个人机会，但如果你不珍惜，可能就会被直接"腰斩"，后面只会越来越难，更不能快速地成长和进步。未来需要的是你的专业能够达到顶尖水平，特别是普通人，逆袭的最佳方式就是在一个维度达到一定程度的专业水平，然后付出不亚于别人的努力，去尝试、去开拓和突破，去找到自己热爱和喜欢的事业，然后全力以赴。

李小龙有一段话让人感慨："我不怕遇到练习过 10000 种腿法的人，但害怕遇到只将一种腿法练习 10000 次的人。"天下大道，殊途同归。在各行各业的智者身上，闪烁着这样的光芒：一方面是专注，极致的收敛、聚焦，决绝的舍弃、冷酷的优先级排序；另一方面，则是极致的纵深、穿透，构筑坚实壁垒；而在其背面，还有巨大的克制、坚决地有所为而有所不为。

"一米宽、一万米深"这样一种表述，至少有助于我们保持必要的谦卑和清醒——埋下头来，锻炼本领，发现机会，并以极致的聚焦、极致的深入，创造价值，赢得自身的立足之本。

"一米宽、一万米深"就是要求做任何事情，盯住一个点，把一米的点做好了，才会采掘出一万米深的精髓。当然，做什么事情不是一朝一夕能做好的，需要以坚持不懈的态度，经过深厚的积累，不断钻研，克服重重困难。最终，使格局放大，能力得到提升，我们才会真正领悟到"一米宽、一万米深"的道理。深挖"一米宽、一万米深"的道理，我们需要这种精神，无论做什么，都积极主动，在一米宽的基础上，挖一万米深，这样我们才会领悟到其中的精髓。保持认真的态度，经过长期积累，不断细化，克服重重障碍，相信我们定能到达山巅。

抓住关键环节，创建大格局

关键环节不仅是工作中难啃的硬骨头，更是能够带动全局、实现整体突破的关键所在。它如同棋局中的"一子落而满盘活"，是决定事物性质和发展方向的关键节点。只有精准地抓住这些关键环节，把工作落实到细节处，才能如提纲挈领般，有条不紊地突破各种障碍，取得显著的成效。这就要求我们把握核心要素，掌控关键环节，认准关键时机，牢牢把握工作的主动权，集中精力，精准发力，善作善成。

我们既要坚持全面系统的观点，又要善于抓关键环节，以关键环节的突破带来发展机遇，促进事业的进步。不谋万世者，不足谋一时；不谋全局者，不足谋一域。不能进行长远的谋划，一时的聪明也是短视的、微不足道的；不能从全部大局的角度去谋划的，即使治理好小片的区域，也是片面的、微不足道的。

抓关键环节，一是要以小见大、靶向施策，就是要坚持小切口、硬举措、准发力，从细处入手，善于小中见大、以小博大，找准牵一发而动全身的具体事项、具体环节、关键细节，采取过硬措施抓细致、抓扎实，把钉子钉牢靠，做到"打蛇打七寸"。二是要跳出细节看全局，就是要善于从全局出发，抓住主要环节，准确找到每个细节在全局中的定位。每一项工作都有千千万万个细节，如果不加区分甄别，就会陷入浩如烟海的具体事务中，难以着眼全局、全面推动。

抓住关键环节，创建大格局，要讲究战略思维。一般而言，战略思维注重下列几个原则：从大看小，从长看短，正负兼顾，左右照应。一个人的战略思维能力提高了，其决策的正确性也会大大提高。而战略思维是作为优秀领导的必备思维；不过，不管是领导还是普通员工，都需要掌握战略思维，才能更好地规划自己的人生。

　　抓关键环节，创建大格局，就是要从大处着眼、小处着手，落细落小，精益求精，从小切口入手，实现大突破。具体来说，从大处着眼，先要确立远大的目标和清晰的愿景。设定明确的目标能让我们更好地规划人生，帮助我们在遇到问题时保持定力，坚定前行。再就是要有全局观念。在思考问题时，我们要考虑方方面面的因素，不能只局限于某一点。这要求我们具备宽广的视野和思维，能够从整体上把握问题的本质。

　　从小处着手，就是要关注细节和实际操作。细节决定成败，关注细节是成事的关键。在实际操作中，我们需要关注每一个环节，确保执行到位。同时，我们要谦虚谨慎，脚踏实地。从小事做起，逐步积累经验，提高自己的能力。在面对困难时，我们要保持耐心，不要轻易放弃每一次的机会和努力。

　　当然，抓住关键环节，建立大格局，要统筹兼顾。《礼记·中庸》中说："致广大而尽精微。"我们既要善于站在全局、大局和长远利益的思维角度看问题，又要善于从细微处、小节上扎实用力，一步一个脚印。既要仰望星空，也要脚踏实地。

　　在生活中，我们要学会协调各个层面，兼顾宏观规划和微观操作。这要求我们有清晰的头脑，能够把握主次，妥善分配时间和精力。同时，我们还要具备一定的应变能力。在实际操作中，我们可能会遇到一些意外情况。这时，我们要保持冷静，灵活应对，及时调整计划和策略。

　　从古至今，凡成大事者，必有大格局。《韩非子·说林上》中曾言："圣人见微以知萌，见端以知末。"这句话的大意是，圣人能够透过细微之处就能看到事物的本质，从事情的开端就能预见最终结局。小事见格局，细节看人品。人生漫漫，我们难免会遇到各种烦心的人和事，选择以什么样的态度去面对，往往取决于我们的格局大小。格局大的人，遇事不怕事，遇事敢担当，无论走到哪里都能开创属于自己的一片天地。有格局的人，不会轻易许下承诺，但一旦承诺，就一定会竭尽全力去实现。

这些小事、细节，往往就是决定成败的关键环节，因此，我们需要学会辨别与取舍，找出问题的关键。那么，细节为何能决定成败？就是因为关键环节在关键时刻起到了决定性的作用。事情的发展是在不断变化中进行的，所以抓住关键环节就显得格外重要。因为有了每个阶段工作推进数据的反馈，就能够使决策层根据数据对阶段性执行情况进行客观合理的分析，并找出问题的关键，在此基础上再寻找解决方案，有的放矢。当然，也要注意事情的动态变化，面对变化，做出相应的调整，推进整个工作的顺利执行。在此基础上进行阶段性总结，把关键环节梳理清楚，就不会导致方向性错误；然后，再依据现实情况，逐步突破、解决一个个问题。

有格局的人可以拥有一千种不同的人生，没有格局的人只能度过他自己的那一生。格局大的人，懂得将心比心，不会为琐事斤斤计较。与其总是让自己深陷在计较的纷扰与纠结中，不如把心放宽一些、把眼光放长远一些。当你有了大格局，生活中便多了理解，多了温和，多了宠辱不惊的气度。不执着于一时的得失，才能获得满满的幸福感。

5

第五部分

瓶颈的突破：

潜能的绽放与
创造力的激发

　　每个人的发展难免会遇到瓶颈，但因为每个人的学历、工作经历和综合素质等有所不同，所遇到的瓶颈也会有所不同。这个瓶颈的突破与一个人的思想深度、阅历密不可分。

　　突破瓶颈，关键在于思考、积累、总结，从阅历中汲取"营养"，让自己的思维水平螺旋式上升，在不断实践中绽放潜能与激发创造力，在反思中提升，在提升中突破。

第九章　迎难而上，巧于应对

保持谦卑、保持开放、持续学习，就是走在一条离愚昧越来越远、离智慧越来越近的上升之路。

在不同的时期，需要实现的阶段性目标不同，实现目标的措施也不同。尽量将不同性质和类别的目标清晰化，目标越清晰越好，对目标的界定越明确越好。

经验从哪里来？是从磕磕碰碰中来，是血与泪中开出来的灿烂的花。

低头，不是垂头丧气，而是低头看路，反思自我，做真实的自己。

突破"愚昧之巅"，跨越"绝望之谷"

达克效应，全称为"邓宁—克鲁格效应"，20 世纪 90 年代由邓宁和克鲁格开展研究的心理学效应名称，主要内容是阐释一种心理现象：完成特定领域的任务时，个体对自己的能力做出不准确的评价的现象——能力低者会高估自己的能力，甚至显著超过平均水平；能力高者会低估自己的能力，甚至显著低于平均水平。

这个心理效应，主要有四个概念："愚昧之巅""绝望之谷""开悟之坡""持续平稳高原"。"愚昧之巅"是指人的智慧低，但是自信度极高，误以为自己能力很强；"绝望之谷"是指能力低者在经历挫折后，认识到自己的不足，智慧有所增长，自信心大幅降低；"开悟之坡"是指智慧继续增长，自信心开始反弹增长，更加准确地评估自己的能力；"持续平稳高原"是指智慧达到顶级后，自信心也持续平稳，个体在特定领域内走上大师之路。

现实中，我们确实可能遭遇愚蠢的高峰与绝望的低谷，随后迎来开悟的曙光，自信心平稳走上成功之路。大多数时候，我们的成长轨迹是螺旋式上升的，认知也会经历一个完整的周期。当你跨越一个成长周期，你开悟了，但过一段时间，你又开始觉得自己很好，然后又跌入低谷，再起来，又跌下去，如此不断往复。所以，人的成长，如同企业的发展，也是非连续性的，常常会呈现出曲线式前进的周期状。

《学记》有云："学然后知不足"。这似乎有点让人困惑：学到了更多新的东西，不是变得更强了吗？为什么变得更强之后，反而知道自己有所不足呢？难道不是因为不学习，才会有不足吗？没错，不学习会让我们一无所知，但是，学习了，我们脑中的知识增多，也就更容易意识到自己知识的局限性。如果不学习，我们还根本不知道自己有所不足。能力低下者往往无法意识到自己的不足。成绩最差的人，以为自己是中等偏上；成绩中等的人，也会稍稍高估自己的成绩；而成绩最高的人，反而可能会稍稍低估了自己的实力。

有些人可能是"井底之蛙"，站在了"愚昧之巅"；或者年少气盛、志得意满……而要从"愚昧之巅"上走下来，真的需要足够的勇气与智慧才可以。

相传苏东坡年少的时候，曾经在自己的书房门上贴了一副对联：识遍天下字，读尽人间书。

这事被一位老者知道了。一天，老人拿来一本小书，向苏东坡请教，苏东坡接过小书一看，有许多字不认识，这本小书也没见过，不禁十分羞愧。老人取回小书，盯着那副对联看了好一会儿，不禁摇摇头走了。

苏东坡看在眼里，觉得自己写这副对联的口气确实狂妄了，很不应该，于是拿起笔来，在上下联的开头各添了两个字，变成了：发愤识遍天下字，立志读尽人间书。

这一改，没有了原先的"狂"气，变成努力的方向了。从此以后，苏东坡变得谦逊起来，孜孜不倦地攻读，终于成为一代大文豪。

一个人的成长可以分为"不知道自己不知道、知道自己不知道、知道自己知道、不知道自己知道"这四个循序渐进的阶段。这一认知过程，与"达克效应"所揭示的现象颇为相似：往往越是无知的人就越容易表现出过度的自信。

当一个人知识越来越多，自信心会下降，但是突破临界点以后，自信心会回升，但之后不论怎么回升，都不如一开始一无所知时那么自信。即越是知识丰富的人越能意识自己的不足，也越能发现、承认与学习别人的优点。四个成长阶段也恰好可以对应"达克效应"曲线的各个阶段："愚昧之巅"（不知道自己不知道）、"绝望之谷"（知道自己不知道）、"开悟之坡"（知道自己知道）与"持续平稳高原"（不知道自己知道）。

我们到底在哪一个阶段呢？能否给自己一个清晰的定义？大部分人都浑然不知自己所处的阶段，也不愿意承认，更不愿意拿起"手术刀"，去清晰地、认真地解剖自己。

人这一辈子，如果我们能有幸陷入"绝望之谷"，并在其中挣扎一段时间，已经算是人生的小有所成了。绝望的人生，也可能成为好的人生，前提是能够迸发出潜能，成就自己都不敢相信的成功。

虽然每个人都希望自己最终能成为智者，但我们要承认一个事实，一部分人没能从"愚昧之巅"走到"绝望之谷"，他们在半路上遇到困难便放弃了。而更多人滑到了"绝望之谷"后，又会面临两种结局：一部分人是在谷底停留，裹足不前或者无力冲出谷底；另外一部分强者，则不断总结经验，勇往直前，凭借智慧与毅力，很快找到"开悟之坡"，走向了

"持续平稳高原"，取得了阶段性的成功。

翻越"愚昧之巅"最大的障碍是根本不知道自己在"愚昧之巅"，此之谓当局者迷。怎么办？唯有通过学习增强自我认知，此所谓人贵有自知之明。有人问一位智慧老人："您总是在学习，通过学习，最终您得到了什么？"老人答道："什么都没有得到。"那人再问："那您还学习做什么呢？"老人笑着回答通过学习会让他失去东西："我失去了愤怒、纠结、狭隘、挑剔和指责、悲观和沮丧，失去了肤浅、短视和计较，失去了一切无知、干扰和障碍。"

有时候还真的需要一个人、一件事将自己推入"绝望之谷"，这样才会发现原来的自己是多么无知。当你遇到这么一个人、一件事时，时常会痛苦、难受，甚至怨恨，但当你爬上"开悟之坡"到"持续平稳高原"后，意味着你已经获得和奠定了持续学习与自我提升的坚实根基，你自然会感激这一经历。

人生漫漫，翻过一座"愚昧之巅"，跌入一次"绝望之谷"，可能爬上"开悟之坡"后到达的是另外一座"愚昧之巅"，但只要保持谦卑、保持开放、持续学习，持续平稳高原后就是走在一条离愚昧越来越远、离智慧越来越近的上升之路。

在行动中解决困难和问题

任何一个愿望和梦想都有实现的可能，只是任何一种理想的实现都依赖于你的实际行动和你艰辛的努力。人生的意义不仅在于你有多少奇思妙想，更在于你能否把自己的想法变为现实。

在现实生活中，有许多人只是空想家，他们从不将想法付诸行动，原因是，无论任何事情，一旦做起来就会遇到许多困难，也正是这些想象中或真正存在的困难，阻碍了一些人的成功。其实，把想法变为现实的过程中的艰辛，这是可以预料的，要经受的困难也是可以想象的，更是必然存在的。我们要用实际行动去战胜这些困难。

成功的人不会在行动前就想着解决所有的问题。在行动中，难免会遭遇突发性困难，这时需要我们及时想办法去克服。无论你从事哪一种工作，一旦遇到麻烦或困难，你都必须勇敢地面对现实，并积极想办法去突破、去解决困难。

2013 年上映的美国电影《白日梦想家》中，男主角沃特·密提是《生活》杂志的一名胶片洗印经理，他在杂志社工作了 16 年。他性格内向，常常沉浸在自己的世界中，时常"放空"自己做白日梦，幻想当英雄、幻想向暗恋的女孩表白、幻想反抗刻薄的老板……但这一切行动都是在大脑中进行的，他从来没有想过将这些想法付诸行动，因为对他来说有太多困难要克服。然而，一次偶然的机会，他因为必须找到一卷重要的胶片而被迫行动起来，他发现行动并没有那么难：他可以下海跟鲨鱼搏斗，穿越正在喷发的火山……原来只要行动起来，很多困难其实都不再是难题。

也许，生活中我们都有许多梦想，希望去改变我们的人生，却因为我们把困难想得过于严重，而在没有行动之前就否定了自己。其实，任何事情只要你去做，即使在做的过程中遇到困难，你也终将会找到解决问题的办法。

人生所有的理想和目标，唯有在付诸行动后才能得以实现。如果不行动，那么终将一无所获。因此，当你有一个好的计划时，立即开始行动，只有在行动过程中才能发现更多潜在的问题，并根据出现的问题及时解决问题，从而将梦想一步步变为现实。不付诸行动的人永远无法体会到做事的艰难，更谈不上积累什么经验。

然而，当你的决心点燃了实践的火花，你就会想尽一切办法去实现你的愿望，而一旦你的梦想变为现实时，你的自信心将得到极大的增强，这又会促使你在下一次的行动中更得心应手，这样就形成了良性循环。

一个人是否有具体可行的创意，在很大程度上决定了这个人是否能够成功。因为有了创意，我们才有成功的希望。然而，只有创意是不够的，真正的实施才是赋予其意义的关键。

在我们的生活圈里，有许多人不断地否定自己的想法，等过了许久之后，那些想法又反复出现在脑海里。他们在一次又一次的徘徊和犹豫中痛苦挣扎，始终无法迈出行动的步伐。生活中，你是否也经常因为不敢行动而放弃一些你苦思冥想才得来的构想？如果是的话，那么现在便是改变这一现状的最佳时机。

首先，你应该问自己现在是否有一个好的创意。如果有，就心平气和地去做，不要轻易就放弃你的创意，否则你会后悔莫及。在我们生活的周围包括我们自己都经常叹息"早知道这样，我当初就一定会……"或"如果我按照我开始预料的去做，现在就不会……"，这世间最大的悲哀，莫过于失去了原本可以拥有的美好。

其次，人只有在行动的过程中，才能取得成果，进而改变自己的命运。因此，只有当你切切实实地执行创意，才能充分发挥自身的价值。你创意的好与坏并不是最重要的，因为如果你不能真正付诸行动，你永远不会有收获，你的一切创意就只是空想。

最后，行动本身会增强一个人的自信心，不行动只会让你更恐惧不安。面对恐惧，人们常常选择拖延来逃避。经常有一些人在做事情时害怕遇到困难而畏首畏尾、徘徊犹豫，最后干脆放弃。而要想消除心理恐惧，最好的办法便是现在就去做，立即行动起来。

人生的价值就是在解决问题的过程中实现的，没有人能把一生的问题一时解决完，一生的问题只有在一生的行动中去逐一解决。我们对于事物的完美追求，应当适度折中，过高的期待会削弱行动力。只有付诸行动才会有结果，我们必须避免在行动前就陷入无尽的等待之中。

挣脱瓶颈，跳出天花板，别有洞天在远方

瓶颈期是指事物在变化发展过程中遇到了一些困难（障碍），进入一个艰难时期。遇到瓶颈期，挣脱它，就能更上一层楼；反之，可能停滞不前。当你到达某个阶段的顶点以后，你会发现哪怕你不断地努力，进步却非常小，甚至没进步。然而，量的积累一直在增加。突然在某个时间，突然就冲过去了，完成了质变，到了一个新的高度。这个时候，又开始新的阶段的量的积累，积累到这个阶段顶点的时候，又是一个新的瓶颈。

造成职场瓶颈的原因有很多，比如个人能力不足、缺乏职业规划、工作压力过大等。要解决职场瓶颈问题，我们需要积极寻求自我成长，通过不断提升个人能力和素质，适应职场的变化和需求。自我成长是一种积极的心态，它意味着不断学习、进步、完善自己。

一般而言，职场瓶颈期，是每个职场人都会经历的，只是程度有轻有重罢了。当然，如何摆脱瓶颈期，关键在于保持心态平稳和制定长期规划。要实现职业突破，则需回归自我认知；要突破瓶颈，就得突破以往的认知局限。

首先，要时刻保持进步的状态，不断提升自我水平。没有永远的"铁饭碗"，也没有永恒的技术红利。在人才辈出的职场中，选择安逸就意味着被淘汰，充电学习绝不只是新人的专属任务。因此，要明确自己的发展方向，通过学习来弥补自身短处，提高竞争力和不可替代性。

其次，应深入分析现状，在组织内横向寻找发展机会，实现曲线上升。要勇于走出去，多与大咖学习交流，积极参加高级别的培训，更纵深、宏观地去了解自己的专业领域。同时，要创造一切机会，趁年轻多申

请几个不同的岗位，进行多层次历练，为将来的职业选择提供更加宽广的空间。

最后，当感觉自己的发展空间受限或从事的行业没有前景时，要勇敢地走出来，换一个新平台或行业。当然，要依据实际情况，不要盲目跳槽。只有将外部环境与自身情况结合起来，才可能找到一条能够切入且适合自己发展的道路。

无论公司规模多大、技术多牛、产品多好、个人多强，都存在着一个"上限"。这个"上限"，既是"认知盲区"，也是"天花板"。"天花板"如果无法打破，怎能获得职场晋升和个人成长？又何谈创业闯出一片新天地？

很多创业者对于挣脱瓶颈，跳出"天花板"有自己独特的感受。前大众点评商家平台总经理周飞对此颇具心得，他在一次创业分享会上谈到了自己的创业经历，从中可以看出，从业 5 年以上的产品经理，大部分会面临两次比较明显的"天花板"。

周飞认为，第一次是能力的"天花板"——你大概知道自己擅长什么，但不是很清楚你在岗位上还需要哪些能力，不知道你应该去学习什么；第二次是从产品经理往上晋升至产品总监或者产品负责人的时候，会碰到自己的认知结构的局限性，领导可能会告诉你：你好像不太懂战略，知识面还不太够，你要多去了解跟产品相关领域的知识和技能。

很多产品经理在往上发展成为某产品线的负责人时，需要越来越多地参与公司战略的制定以及未来产品的规划。这时命题不再像之前那么清晰，面对的不确定性越来越大，这些产品经理不知道自己的想法到底哪里出了问题，直到作为产品负责人被换掉，他还不清楚自己的瓶颈在哪里。

周飞最后指出这种瓶颈其实是跟思维和知识体系有关：思维指的是看待问题、思考问题的角度方向，是需要去训练的；知识体系是需要去学习的——了解得越多，你的知识结构才能从树形结构变成网型结构，进一步帮助你做出决策。

　　每位从业者，都需要经历一个自我成长的过程。在这个过程中，瓶颈也好，天花板也罢，这些都是难以避免的。与其整天忧心忡忡，不如坦然面对，把经历化为财富。每一次跌倒，都是再次奋进的突破。经验从哪里来，往往源自那些磕磕碰碰，是在血与泪中绽放出的灿烂的花。

　　突破职场瓶颈、实现自我成长，是每个职场人士的必经之路。为此，我们需要通过制订职业规划、学习新知识、提高实践能力、建立人际关系、持续反思和总结等步骤来实现自我成长。同时，我们还需要时刻保持积极的心态和不断进取的精神，以应对职场中的各种挑战和机遇。只有坚持不懈地追求自我成长，我们才能在竞争激烈的职场中脱颖而出，实现自己的事业飞跃和人生价值。

低头要有勇气，抬头要有底气

　　人生的状态，归根到底，不过是抬头和低头两种姿态的交织。在这一抬一低之间，我们看尽了人间的繁华，也尝尽人世的冷暖。人一生的成败、尊卑、荣辱，往往就体现在这抬头和低头之间。顺境时要低头，逆境时要抬头。

　　低头要有勇气，就是要让自己勇敢地做一个有担当的人，要正确认识自己身上的不足与问题；抬头要有底气，就是要有自信的心态去面对人生中的任何磨难，就是要充满自信地解决所有难题。

　　或许有一天，你会被生活碰得头破血流，面临危机四伏的境地，你会选择低下头，向命运屈服，还是咬紧牙关不服输？的确，有一些人在危机中会低下头，丧失了斗志，改变了人生的航向。但是，也有人低头但不是垂头丧气，而是为了看清前方的道路，反思自我，然后更加坚定地继续前行。

时光匆匆，每一次低头都是一次成长的机会，每一次挫折都是一次磨炼的过程。不要满足于现状，要有底气去追求更高的目标。低头不是认输，而是反思；为了重生，为了积蓄力量，才选择了低头；低头是为了更有信心地抬头；抬头挺胸，不仅是对自己的尊重，也是对生活的热爱。

这里得说一下楚汉战争时期的一段故事。当时刘邦军先攻入咸阳，激怒了项羽，于是项羽设下鸿门宴，结果让刘邦跑了。有谋士劝说项羽："咸阳处在关中要塞，土地肥沃，物产丰富，而且地势险要，你不如就在这里建都，这样有利于你奠定霸业。"项羽听后心中略有动摇，但当他望向眼前被战火摧残得残破不堪的咸阳城时，心中更加怀念起故乡来。项羽对那位谋士说道："人要是富贵了，就应该回到故乡去，让父老乡亲知道你如今是什么样子。要是富贵了还不回故乡，就好像穿着漂亮的锦绣衣服却在黑夜里行走，你的衣服再好也没有人看得见，有什么用呢！所以我还是要回到江东去。"

谋士感慨万千，似乎看到了项羽的未来，就私下对别人说："人言楚人沐猴而冠耳，果然。"意思是说，人家都说楚国人徒有其表，就好像是猴子戴上帽子冒充人一样，我以前还不相信，这次和项王谈话之后，我才知道此言不虚啊！孰料，这些话很快传到了项羽的耳朵里，他不但不去思考谋士的话外音，而是火冒三丈，立即派遣手下人把那人抓来，将那人投入鼎镬烹杀了。

当时的项羽是可以以绝对的优势碾压刘邦的。项羽能征善战、霸气十足，可是刚愎自用、居功自傲，只顾抬头看自己暂时取得的天下，不肯低头笼络人心。刘邦虽出身贫寒，用兵打仗的本领也不及项羽，但该低头时低头，非常善于收纳人才，后来项羽身边的很多能人志士都转投到了刘邦门下。结局当然是可以预知的，不愿低头的项羽自刎于乌江，而刘邦建立了大汉江山。

一个有格局的人，在成功时，不会自我感觉飘飘然，而是懂得适时低头，这是一种谦卑的人生态度。人蒸蒸日上之时，切莫骄傲自满，趾高气扬，忘记了来路的艰辛。只有这样，才能使我们更加清醒地认识自己，不以物喜，不以己悲。

苏格拉底是古希腊著名哲学家，他深入研究哲学问题，且善于论辩。据传，有一次，有人问苏格拉底："你既然是天下最有学问的人，那么你说天与地之间的高度是多少？"苏格拉底听后，微微一笑，毫不迟疑地回答："三尺。"那人听了大笑，嘲讽道："如果天与地之间只有三尺，那我们这五尺高的身体还不把天戳个窟窿？"苏格拉底听后，意味深长地说："所以，人要懂得低头啊。"

这个故事的真实性或许并不重要，但它所传达的智慧却值得我们深思。在当下这个浮躁的社会中，聪明人要懂得适时低头；这不仅是一种胸襟，更是一种智慧。

那些总是高昂头颅、逞强好胜却不懂得低头的人，往往会在人生的道路上频频撞上挫折的"门框"而弄得头破血流或者摔跟头，甚至跌入陷阱、误入歧途。只有学会低头、懂得低头的人，才会及时发现错误，才会真正成长。

低调做人的哲学并不意味着你要有一颗低人一等的心，并不意味着要你委曲求全，它只是让你放低姿态，去拥抱人生。姿态越低，你收获的就会越多。"水往低处流"，低姿态会让你积聚更多力量，在不断突破中使人生更加精彩。

当你走在乡间的小路上，会发现高昂着头颅的往往是稗草，而低头的往往是稻穗；且越成熟、越饱满的稻穗，头也垂得越低。学会低头，不仅是一种人生态度，更是一种处世哲学，让我们在人生路上成为越来越饱满的"稻穗"吧。

低头思考，抬头仰望。只有低头思考得深邃，抬头才会仰望得高远；低头与抬头配合默契，结合紧密，才能书写出人生精彩的篇章，实现人生成功的梦想。

低头拉车，抬头看路。人生就是一趟行车的旅程，要把这车拉稳拉好，不仅要低下头、铆足劲、出大力、流大汗，还要抬头看路，因为人生的路尽管漫长，但关键处就只有几步，只有这几步看准了、选对了、走好了，才能不走或少走弯路，不摔跤，不翻车，顺利到达人生的彼岸，攀登到应有的高度。

低头做事，抬头做人。人生总得为一件事而来，需要我们低下头、安下心、坐下来、钻进去，这既是安身立命的根本，也是实现价值的途径；有了这样的底气，才能堂堂正正抬头做人，做一个懂冷暖、知荣辱的人，做一个道德高尚的人，做一个光明磊落的人，做一个有益于社会的人。

低头哭泣，抬头微笑。人生不如意之事十有八九，难免会触及自己的软肋。没有关系，低下头来，哭泣几声，宣泄一下。低头虽有阴影，但抬头有阳光，笑对人生的苦与乐，脚踏实地，跌倒后重新开始奋斗，迎来辉煌的未来，这才是懂得低头与抬头的人。

在台上要低头，在台下要抬头。人生就是一个大舞台，俗话说"台上一分钟，台下十年功"，台上的光彩离不开台下的汗水。在"台上"要学会低头把别人当人，低头处世，不事张扬；在"台下"要做到抬头把自己当人，不卑不亢，乐观面对。只有这样，才算是领悟了人生的真谛。

低头要有承认错误的勇气，抬头要有改正错误的底气。人非圣贤，孰能无过，一个人只要做事情，难免会有失误，甚至犯错误。有了失误，犯了错误，并不可怕，关键在于能否认识和改正。因此，只有具备敢于低头承认错误的勇气，以及勇于抬头改正错误的底气，我们才能从跌倒的地方再爬起来，赢得他人的谅解，获得他人的理解，迎来新的发展机遇。

有勇气低头认错，有信心抬头前行，这才是积极的人生态度。它告诉我们，面对问题，要敢于正视，勇于承担责任；面对困难，要相信自己的能力，坚持不懈。当我们低头思考的时候，要保持勇气，勇于承担责任；当我们抬起头时，应该保持自信和积极的态度。只有这样，才能在人生的道路上走得更远，取得更大的成功。

低头是做人的智慧，抬头是做人的底气，我们无论处在何种境界，都应大方坦然，积极应对，从容面对。该低头就低头，该抬头就抬头。一般来说，人在春风得意或做出成绩时，应该懂得低头、记得低头，做个谦虚谨慎的人；而在身处逆境或遭遇失败时，应该挺胸抬头、勇于面对，展现出百折不挠的精神。因此，把握好低头与抬头的时机，处理好这两者之间的关系，是人生的大智慧、大学问。

第十章　打破常规，不走寻常路

冷静面对现实，如果情况发生变化，目标已经不可能实现，那就要及时进行调整；不要一条道走到黑。

如果一个人每天都在精进和迭代，那他相当于活了别人的很多年。

方向正确，思路清晰，在梦想与成功之间需要的就是再跨出一步的勇气和坚持。思想的信念和勇气能产生伟大的力量，拥有伟大的力量才能收获伟大的创新成果。

凤凰面对熊熊火焰，没有退却，而是勇敢扑向烈火，在光焰万丈中涅槃重生！

给自己设限的永远是自己

一位名叫周信静的年轻人，用了十一年时间，从职高一步步走到了麻省理工，他被称为"求学逆袭王"，其求学经历堪称励志典范：职高—大专—专升本—考研—读博，从温州龙湾区职业技术学校 2012 届计算机职专毕业生，到 2020 年底成功申请到麻省理工学院的计算机博士，并成为数据库领域图灵奖获得者迈克尔·斯通布雷克的学生。周信静的每一步都凝聚着汗水与坚持。

不少人都对周信静的经历表示敬佩："回头看，轻舟已成大航母。"在许多人眼中，职高往往被视为学历低、没前途的代名词。然而，周信静却凭着自己的不懈努力，硬生生从职高这一起点出发，一路披荆斩棘，最终实现了人生的华丽逆袭。很难想象，这一路他究竟经历了多少艰辛与困苦。但唯一可以确定的是，他的人生从来没有"设限"二字。就像美国知名励志演说家莱斯·布朗所说："生命没有极限，除非你自己设置。"人这一生，能限制住自己的，只有自己。

然而，现实中的我们会给自我设限。什么叫给自我设限？就是还没去行动就开始否定自己，自己给自己画地为牢，认为自己学不好，觉得自己不如别人，没那个能力去创造更好的生活。自我设限分两种，一种是自己设限，自己认为自己只能做那么多；另一种是受制于外界环境，受制于教育、经济、政治、社会上已经形成的规则。自我设限在人生成长道路上是致命的，它比一个人笨还要致命，笨还能通过后天的勤奋来补救，而自我设限却是，还没行动就把自己锁在心中的牢房里，紧紧困住。

有学者研究表明，自我设限只会扼杀你的潜在能力，给自己套上枷锁。如果长期自我设限，会使自己经常处于失败的境地，进而使自我设限与低成就之间形成一种恶性循环，自我设限会导致低成就，而低成就又会使他们有更强烈的需要进行自我设限，这样最终会损害其自我价值感。同时，由于自我设限者遇事易采取退缩和消极的处理策略，因此过多使用这种策略就容易使个体形成不良的学习和行为习惯。

关于生命的设限，生物学家曾做过一个有趣的实验。他们将一只跳蚤放入玻璃杯中，跳蚤轻易就能跳出来。但当把这只跳蚤放入加盖的玻璃杯中时，跳蚤撞到盖子后无法跳出。连续多次后，跳蚤改变跳跃高度以适应环境，每次跳起都保持在玻璃盖以下的高度。一周之后，即使盖子被取下来，跳蚤也无法再从玻璃杯中跳出来了。最终，这只跳蚤变成了"爬蚤"。这种局限于既有经验而自我设限的现象，被称为"跳蚤效应"。

为什么呢？原因很简单，跳蚤已经适应了有盖子的生活，并调节了自己的跳跃高度，而且适应了这种情况后，就不做改变了。

这个实验也是一种人生隐喻，实验中的玻璃杯，就如同我们所生活的世界。我们的认知，往往受限于过往的经历。如果我们不打破思维定式，就永远不可能知道玻璃杯外面的世界有多大，甚至会忘记我们曾拥有"跳跃"的能力。因此，我们要打破固定思维，多去思考，敢于尝试，随机应变。音乐家莱昂纳德·诺曼·科恩的《赞美诗》里有一句歌词：万物皆有裂痕，那是光照进来的地方。是的，何必要封闭自我呢？万事万物并不是十全十美、完美无缺的，它总会有那么点瑕疵，但是你不应该只消极地着眼于它的残缺部分，因为它的残缺部分也可能会有阳光照射进来，阳光就好比希望，为人生带来一丝光明。总有些人勇于突破自我设限，触碰能力的边界。而那些别人眼里的折腾和裂痕，才会真正让我们的人生摆脱黯淡，闪闪发光。人生的路不白走，每一步都算数。

当你觉得自己行，整个世界都会为你让路；当你觉得自己不行，神仙也无能为力。即便现阶段能力确实有限，但这正表明你还有进步的空间，还蕴藏着无限的可能，不试一下，怎么知道结果呢？不妄自菲薄，才能看到自己身上的光。不自我设限，精彩才无限。

首先，不要囿于惯性思维。当觉得工作没有新鲜感、提不起精神，或总是习惯用同样的方法解决问题、长时间没有掌握什么新技能时，要自我提醒是否陷入"惯性思维"中。倘若是，就要及时反思、调整思路，不断破旧立新、走出所谓的"舒适区"，保持对工作的热情与积极性，在按时按量完成任务的同时，让工作更出彩、让自己更出色。否则，我们就会囿于这种"惯性思维"，跳不出固有的条条框框，从而阻碍前进的道路。

其次，不要自我设置"心理高度"。心理学研究表明，自我设限会极大地影响一个人在社会上的地位，很多人不敢追求成功，不是追求不到，而是因为他们的心理已经默认了一个"高度"。而成功是一种无限的高度，也正是因为这个"心理高度"的存在，产生了种种不自信，成了无法取得成就的根本原因之一。

最后，对外界变化要敏感，随机应变。这个世界唯一不变的就是

"变"，我们的思维方式千万不要刻舟求剑。失败了，要找原因，并客观冷静地分析一下制定的目标是否符合实际；我们怕的不是失败，而是自己给自己设限，以致不敢再去尝试。冷静面对现实，如果情况发生变化，目标已经不可能实现，那就要及时进行调整，不要一条道走到黑。

打破思维定式，获得突破奇效

思维定式是我们在思考问题时固有的思维模式和观念，它能帮助我们在遇到问题时迅速做出判断和决策。然而，有时候思维定式会让我们陷入狭隘的思维框架中，会限制我们的思维发展和变通能力。在现实中，打破思维定式对于我们突破性地解决问题具有非常重要的作用。

就生活而言，遇到障碍是正常而又难免的，而且障碍也并不是什么坏事，因为障碍可以考验一个人的意志并检测人的智慧。人类正是在克服一个又一个障碍之中得以不断进步和发展的。障碍只是一时的，它终将在人们精明的思维运用中得以排除。

世界上之所以有很多人会犯经验主义错误，是因为他们习惯了固定的思维模式，使生活成为机械化的程序，无法接受新的观念和秩序。这种习惯性思维越是根深蒂固，人的个性越容易萎缩。受习惯性思维支配的人，在处理或解决问题时，往往机械呆板。其实在很多时候，只要你稍微改变一下自己的思维结构，就会解决好许多原本麻烦的事。

诺曼·沃特是美国的一名收藏家，在他收藏初期，为收购名贵的精品，他不惜花费重金，导致资金严重周转不灵。

一天，沃特脑海中突发奇想：为什么一定要收藏名家名品，而不收购一些劣画呢？于是，在短短一年时间里，他便收集了300多幅劣画。

随后，沃特在各大报纸上登出广告，宣传自己将要举办首届劣画大展，并阐明其目的是让人们从劣画中学会鉴别，从而真正认识到名画和好画的价值。

没想到，这个画展取得了空前的成功。人们在茶余饭后纷纷议论，更多的观众从四面八方赶来，争先恐后地去参观。

从此，沃特成为收藏界的名人。

固有的思维定式，往往会阻碍人们思维的开放性、灵活性、多样性，导致思维僵化、呆板，甚至墨守成规。而打破这些思维定式，则有助于我们更长远地看待问题，以更宽广的视野去审视世界。

在应对纷繁复杂的世界和事物时，我们要懂得改变自己的思维模式，以积极和发展的眼光去看问题。只有这样，我们才能够准确找到事物背后的发展规律，从而做出正确的判断和决策。

在清朝民间流传着一个故事，通山县有个叫谭振兆的人，小时候因为家里比较宽裕，父亲给他定了一门娃娃亲，跟他定亲的是同村的文人乐进士的女儿。然而，好景不长，谭父去世后，谭家逐渐衰败，经济条件大不如前。这时，乐进士便想悔婚。某日，谭振兆卖菜路过乐进士家，就进去拜访。乐进士对他说："我做了两个阄，一个写着'婚'字，另一个写着'罢'字。你若拿到'婚'字，我就把女儿嫁给你；若拿到'罢'字，咱们就退婚，从此谭乐两家再无瓜葛。不过，两个阄你只看一个。"说完，便把阄摆出来。谭振兆是个聪明人，一眼便看出这两个阄分明都是"罢"字，不能上乐进士的当。于是，他灵机一动，拿了一个阄吞进嘴里，指着另一个阄对乐进士说："你把那个阄打开看看。如果是'婚'字，我马上就离开这儿，咱们退婚；若是'罢'字，那就说明我吞下的是'婚'字，这门亲事就算成了。"乐进士煞费苦心制造的骗局，就这样被谭振兆巧妙破解。无奈之下，他没办法只好将女儿嫁给了谭振兆。

这就是打破思维定式，换个角度考虑问题，由此发现一片新的天地，死结也就迎刃而解了。当然，打破思维定式的方法有很多，比如多尝试新的事物、与不同的人交流、多读书多思考、增加知识面，以及多角度思考问题等，这些方法可以帮助我们拓宽思维、增加经验、提高认知，来增强我们对事情的理解和分析能力，从而于变通之中摆脱思维定式的束缚，突破性地解决各种困境和难题。

创新的勇气，思想的力量

创新的勇气，思想的力量，已成为企业持续发展的动力与引擎。科技创新能力，从根本上影响甚至决定国家、民族、企业的前途和命运。数百年来，世界大国的崛起、更替与兴衰，无不伴随着科技、产业的发展、更迭和革命，突破了一个个发展瓶颈，跃上了一个个新的台阶。科技巨头的生存与死亡，直接取决于其是坚持创新思想，还是选择因循守旧的思想。从一些行业巨头的发展历程中不难看出，创新的脚步稍有停歇，失败的命运就会接踵而至。唯有持续创新，快速创新，才能避免重蹈覆辙。

创新不仅需要智慧，也需要勇气，需要创新者敢于破除迷信、超越陈规，善于因时制宜、知难而进；以满腔热忱对待一切新生事物，敢于说前人没有说过的新话，敢于干前人没有干过的事情，以思想认识的新飞跃打开工作的新局面。

美国麻省理工学院用三句话对企业战略创新进行了简要的概括：第一句是"你改变不了环境，但你能适应环境"；第二句是"你把握不了过去，但你能把握未来"；第三句是"你调整不了别人，但你能调整自己"。这三句话换言之，也就是超级品牌战略专家吴子剑博士所提出的高级战略智商——"拥抱变化、不断进化"。

创新需要勇气，也需要智慧。打破惯常思维，是对已有知识或方法的突破，在获得新思维、新方法、新发明的过程中必然会经历许多困难甚至失败。在困难面前，一些人选择逃避和放弃，结果让创新的机会白白溜走了。实际上，许多从事创新活动的人以失败告终，往往并不是因为缺少智慧，而是因为缺少面对困难坚持到底的信念；不是因为能力不足，而是因为勇气不够。

这里讲一个故事，一位商人在卖豆子时，充满激情和智慧。他说，如果豆子卖得动，当然是好事。如果豆子滞销，分三种办法处理：

第一，将豆子沤成豆瓣，卖豆瓣。如果豆瓣卖不动，就腌了，卖豆豉；如果豆豉还卖不动，就加水发酵，改卖酱油。

第二，将豆子做成豆腐，卖豆腐。如果豆腐不小心做硬了，改卖豆腐干；如果豆腐不小心做稀了，改卖豆腐花；如果实在太稀了，改卖豆浆；如果豆腐卖不动，就放几天，改卖臭豆腐；如果还卖不动，让它彻底腐烂后，改卖豆腐乳。

第三，让豆子发芽，改卖豆芽。如果豆芽还滞销，再让它长大点，改卖豆苗；如果豆苗还卖不动，再让它长大点，干脆当盆栽卖，命名为"豆蔻年华"，到学校门口摆摊和到白领公寓区开产品发布会，记住这次卖的是文化而非食品；如果还卖不动，拿到适当的闹市区进行行为艺术创作，题目是"豆蔻年华的枯萎"，并以旁观者身份给各个报社写报道，如成功可迅速成为行为艺术家，并完成另一种意义上的资本回收，同时还可以拿稿费；如果行为艺术没人看，稿费也拿不到，赶紧找块地，把豆苗种下去，灌溉施肥，3个月后，收获豆子，再拿去卖。

我们不必在意这个故事真实与否，而是要从这里领悟到"拥抱变化、不断进化"的价值和意义。

拿破仑曾经说过，世上有两种力量：利剑和思想。从长远看，利剑总是败在思想手下。拿破仑紧握这两件武器，纵横欧洲大陆。当然，靠剑建立起来的帝国，很快就灭亡了，即便拿破仑再强大，最终还是被囚禁在一个荒芜的小岛上孤独地死去。但另一种东西留存了下来，就是拿破仑思想。

《拿破仑法典》以其完善的世界法律体系，奠定了西方资本主义国家社会秩序的基石，对后世产生了深远而持久的影响。这一法典之所以被称赞为"比历来的法典都优越得多"，是因为"拿破仑已经了解到现代国家的真正本质"。拿破仑基于丰富的经验，总结出的一些论述，如"精神胜于武力""不想当将军的士兵，不是一个好士兵"等，至今依然常被人提起，给人以启迪。

嬴政以武力征战兼并六国，凯撒大帝挥师欧亚横扫千军，是利剑的征服性力量的体现；儒家学说贯穿几千年中华文明发展史，民主共和思想取代封建专制理念成为人类文明进步的潮流，是思想的征服性（或说服性）力量的展现。

拥有创新勇气的人，无论遇到怎样的艰难险阻，思想的利剑都是所向披靡的。有时候，方向正确，思路清晰，在梦想与成功之间需要的就是再跨出一步的勇气和坚持。思想的信念和勇气能产生伟大的力量，拥有伟大的力量才能收获伟大的创新成果。

靠近光，追随光，成为光，散发光

阳光、星光、月光、灯光……所有的光都是光，劈开黑暗，照亮前方的路。除此之外，光又是什么？光，是一个寓含希望的词语，也是一个美丽的修饰；是黑夜的另一面，是生命生存的希望，是星球文明的重要元素……光最重要的作用应该就是给人"希望"；希望，是给予长期在黑暗中的人看到的一束光；希望，是沙漠中的那一片绿洲；希望，是困顿失意时，友人安慰的笑脸……

有光的地方就有希望，光可以照亮黑暗和前行的道路。因为有了光，所以我们不惧怕黑暗；因为有了光，所以我们不害怕远行；因为有了光，所以我们不怕前路漫漫。

生活中，我们时常会遭遇事业发展的瓶颈；人生中，难免会遇到精神上的困厄。夜晚时分辗转反侧，难以入眠，你最希望的是什么？很多人应该是等待天亮，毕竟黑夜给了你一双黑色的眼睛，你最想用它来寻求光明，天亮，象征着新生，意味着你可以做很多事情，清晨拉开窗帘看到第一缕阳光的那一刻，扑面而来的就是希望。

巴金先生在散文《灯》中曾写道："我的心常常在黑暗的海上漂浮，要不是得着灯光的指引，它有一天也会永沉海底。"的确，巴金写《灯》这篇散文的年代，生活虽然很残酷，但是，巴金心里始终藏着一束光，支撑着他走过了那段艰难的岁月。现实中的你在面对困难的时候或许会被困难打倒，你并不一定要逆风翻盘，但请你一定要向阳而生。当你心中装满了万丈光芒，你会发现，生活其实并没有你想象的那么可怕。

都说心之所向，不如脚之所长。敢于追随光，是因为在它们身上你看到了希望，感受到了前所未有的温暖和光芒。但是，仅有一腔热血，没有做到脚踏实地的话，再明媚的阳光也终将属于别人。别忘了答应自己要做的事情，别忘了答应自己要去的地方，无论有多难，有多漫长，如果你不勇敢，没人替你坚强。

努力去追随光，让自己变得更加辉煌。清代文学家曹雪芹在面对家族衰落、生活困顿的境地时，他仍然坚持创作《红楼梦》，历经数年的光阴，投入无数的心血，矢志不渝。正是这份执着，让《红楼梦》成为世界文学史上的一部瑰宝。

作家刘同的作品《向着光亮那方》里有这样的话："抱怨身处黑暗，不如提灯前行。愿你在自己存在的地方成为一束光，照亮世界的一角。"自带光芒是人最大的魅力和永恒的美。

华为因一些众所周知的原因经历了不少严峻的考验。然而在不断的挑战中，华为终于迎来了自己的转折点。华为内部有一句流行语——"烧不死的鸟就是凤凰"。除了被对手烧、被客户烧、被员工烧、被资本烧，最重要的是被时代烧、被自己烧。乘风破浪，才能占领胜利的高地。

在所有被美国打压的如东芝、华为、阿尔斯通、爱立信、金普斯、中兴等公司中，华为受打压的程度最厉害。正像华为 CEO 任正非所说：华为经历了百年未闻的打压及围剿。一个世界强国倾全力打压一个民营企业，这在商业史上是没有过的。

华为从接受光、靠近光、追随光，到成为光、散发光，逐渐发展为民族光焰万丈的企业！秘诀在哪里？用华为创始人任正非的一句话说："一个企业只有死过三次才算真正的成功，烧不死的鸟叫凤凰。"这句话不仅道出了华为的成功秘诀，也启示了无数创业者要在逆境中不断磨炼，才能锻造出卓越的企业。

凤凰面对熊熊火焰，没有退却，而是勇敢扑向烈火，在光焰万丈中涅槃重生！人生一世，无数人从接受光、靠近光、追随光，到成为光、散发光，这一趟生命旅程的价值就彰显出来了，即便生命再如何短暂，其意义却深远非凡。我们应当努力发出自己的光芒，温暖自己，也照亮他人。余生可贵，目光所及，皆是光。

极限的突破：

陷之死地而后生，
置之死地而后存

　　勇猛的将军作战时，把军队布置在无法退却、只能死战的境地，兵士就会奋勇前进，杀敌取胜。

　　人生何尝不是如此，身处险境或遭遇无法避免的厄运时，与其在自怨自艾中空度余生，何不从这里汲取拼搏的力量。就算自断退路，也得痛下决心，向生命的极限发起冲击。

第十一章　敢于挑战，善于冲击，勇往直前

危机就是危险中隐藏着千载难逢的机会，废物也是宝，只要合理利用，绝处也能逢生。

丢掉那些不必要的哀叹，生命原是不断受伤和不断复原的过程；真正的胜利者，不是那些一味追求速度的人，而是那些有耐心、能持久的人。

对于蜜蜂来说，工作是它们的全部，也是它们存在的意义，忙忙碌碌是常态，怎么可能有时间去感受悲伤呢？

一朵玫瑰竟然改变了一个人，这是美与善的力量！

被克服的困难就是胜利的契机

有句话说得好，人生太顺了，就走不远！世上有太多具备成就事业潜质的人，由于他们的人生太顺了，没有遇到什么困难，自然就缺少了一些突破的动力。因为没有困难的阻碍就没有历练及激发潜在能量的机会，他们就没有办法突破自己。而困难恰恰是考验人们的试金石，它能把一切不合格的竞争者阻挡在门外，让真正优秀的人才取得胜利。很多人一生的成就，源于他们所经受的苦难。

危机就是危险中隐藏着千载难逢的机会。看似无用的废物，只要合理利用，也能在绝境中焕发新生，最终将灾难转化为机遇。丢掉那些不必要的哀叹，生命原本就是一个不断受伤与复原的过程。记住，成功离我们已经只有一步之遥，关键在于我们能否坚持不懈地走下去。

在智者的眼中，危机往往预示着机会的到来。困难也好，危机也罢，首先是勇敢面对，然后冷静地分析，找到问题的实质，找出解决问题的有效路径。如此一来，危机便会转化为机会。不应对命运服输，也不应承认世界上有绝望之说，要自始至终保持最后的希望，于绝望之处挖掘出希望的火花。

被称为商界"超人"的李嘉诚，连续21年蝉联香港首富。他给人的印象是精明且富有智慧，他是一位非常成功的商人。回顾李嘉诚的一生，几乎是每一步棋都落子精准，步步为营，从未停歇；他从贫困窘迫、内敛寡言，到财富丰厚、老谋深算的成功人士，这背后一定有着无数值得我们借鉴和学习的经验。

李嘉诚12岁时随家人逃难到香港，14岁的时候，父亲就因病去世了。他作为家里的长子，要撑起李家。他毅然放弃学业，计划出来工作挣钱，维持家庭生计。但在那个兵荒马乱且百业萧条的年代，才14岁又瘦弱的李嘉诚能做什么？李嘉诚碰了无数壁，后来终于有家茶楼老板看他实在可怜，就让他做跑堂小工。他无比珍惜这份得来不易的工作。

> 拿破仑曾说过："最困难之时，就是离成功不远之日。"行百里者半九十，成功往往会在我们最苦、最累、最艰难的时候出现。多一点耐心，多一点毅力，多一分坚持，就十分可贵。

李嘉诚是个机灵人，虽然读书不多，但是特别善于察言观色。他记住了大多数客人的饮食喜好，每当熟客来茶楼，客人还没开口，李嘉诚已为他们备好爱喝的茶和点心；对待新客人，他总是很用心和诚恳，招呼得细致殷勤。因为李嘉诚贴心的服务，既留住了老客户，也源源不断地引来了很多新客户。

后来，李嘉诚的舅舅的钟表行越做越大，于是要求李嘉诚去钟表行帮忙。李嘉诚当然知道做跑堂小工不是长久之计，于是辞掉茶楼的工作，去了舅舅的中南钟表公司。有了在茶楼跑堂的历练，李嘉诚很快把钟表销售做得风生水起，得到了舅舅的赞许与同行的敬佩。

然而，17岁的李嘉诚果断地辞去了中南钟表公司的工作，去了一家很小的五金厂做推销员。刚进五金厂，李嘉诚可谓倾尽全力，但还是跌跌撞撞，一无所获。

面对新的挑战，李嘉诚经过深入思索，发现在推销之前首先要弄清楚很多问题。五金厂的销售对象一般对准的是杂货铺，这样一次销售的额度很大，还能建立长期客户关系。很多人都按照这个路子做销售，而李嘉诚却有意避开了。他决定向客户直销。他直接找到酒楼、旅店的相关部门，一次就销售了100多个产品。面对家庭用户，他则跑到居民区上门服务。他摸清了老太太们的脾性，晓得只要在一个小区里卖掉一个，也就意味着能卖掉一批，因为老太太们不上班，喜欢串门，自然就是他可利用的宣传员了，于是他就专门找老太太卖桶，物美价廉，自然不愁销路。

优秀的人在哪里都是优秀的，做什么事情都能取得成功。越是困难，越能激发他们的创造力。李嘉诚在五金行业很快就取得了好成绩，并因此在行业内小有名气。同行纷纷向他学习，研究他的成功经验，更有公司想要挖他过去。果然，一家有实力的塑胶公司向他抛来橄榄枝。于是，李嘉诚再次跳槽，进了塑胶公司。

在这里，他再次展现了自己的推销才华，将塑胶行业的推销事业做得风生水起，达到了极致。直到20世纪50年代初，22岁的李嘉诚拿着五万港元，创办了自己的塑胶工厂——长江塑胶厂，开启了属于李嘉诚的"塑胶花大王"时代。从此，李嘉诚的事业一路开挂，成就其商业人生！当有人问他有什么成功秘诀时，李嘉诚坦诚地讲："我只是比别人多了一双前后眼而已。哪有什么幸运女神眷顾，只有蓄谋已久的等待。"

曾经有一个记者问李嘉诚的推销秘诀是什么，他并没有直接回答，而是给记者讲了一个故事：日本的"推销之神"原一平在69岁时的一次演讲会上，有人问了他同样的问题。原一平当场脱掉鞋袜，将提问者请上台，说："请摸摸我的脚板。"提问者摸过之后，惊讶道："您脚板的老茧真厚！"原一平说："因为我走的路比别人多，跑得比别人勤，所以脚板的茧子特别厚。"提问者恍然大悟。李嘉诚讲完故事，对记者说："我没有资格让你来摸我的脚板，但我可以告诉你，我脚板的茧子也很厚。"

困难来临时，的确会让人感到难受与痛苦，但这也往往是发展的机会所在。我们需要勇敢地面对，坚定地克服困难，才能迎来转机。熟悉李嘉诚的人都知道，他是一个危机感很强的人，他每天 90% 的时间都在思考未来的事情。他总是时刻在心中假设公司遇到的困难，不断给自己提问，并提前想出解决的方式。因此，当危机真正来临时，他就已经做好了充分的准备。提前预知困难，并预先设计方案，这是李嘉诚成功的秘诀之一。

据说，李嘉诚一直保持着两个习惯：一是睡觉之前一定要看书，非专业书籍，他会抓重点阅读，如果与公司的专业相关，即使再难读，他也会坚持把它看完；二是晚饭之后，他一定会看十几二十分钟的英文电视，不仅要看，还要跟着大声说，因为怕落伍。

或许正是这样的好学精神，才开阔了李嘉诚的认知，使得他具备了极强的预判能力。也正是通过刻苦学习，使得李嘉诚在同一代香港商业领袖中，不仅是拥有更高英文水平的人，而且是对资本市场尤其是对国际资本市场拥有更多了解并因此成为有更广阔经济和经营视野的人。

有人总结了李嘉诚成功的经验，除了大多数成功者拥有的勤奋和坚韧的品质外，还有以下一些关键因素：其一，观察力和适应力。在茶楼和钟表公司的工作经历培养了他敏锐的观察力和适应力。他能够敏锐了解和掌握客户的需求，为他们提供最佳的解决方案。其二，决心与勇气。创业是一个充满风险的过程，但李嘉诚迎难而上，充满了勇气。他创立了长江塑胶厂，这一决策最终取得了巨大成功。其三，学习与改进。李嘉诚不仅在工作中勤奋努力，还不断学习以提升自己的能力。他善于利用各种机会积累知识和经验。其四，坚韧不拔的信念。李嘉诚坚信只要坚持不懈，成功终将到来。他的信念激励着他克服一切困难，努力实现自己的梦想。

耐心和持久胜过激烈和狂热

科幻作品《海底两万里》是法国作家儒勒·凡尔纳的巅峰之作，在这部作品中，他将对海洋的幻想发挥到了极致，充分展现了人类认识和驾驭海洋的信心，以及人类意志的坚韧和勇敢。书中有一段经典语句："耐心和持久，胜过激烈和狂热；不管环境变换到何种地步，只有初衷与希望永不改变的人，才能最终克服困难，达到目的。"

小说故事情节并不复杂：一个博物学家、一个忠实的仆人、一个加拿大的捕鲸手，三人受邀追捕当时盛传的海上怪物，却不料被这个"怪物"——一艘潜水艇所捕获。这一过程中，他们得以见识到海底世界的万千气象。情节虽简单，可所传达出来的精神思想是深邃的且值得人们学习的，告诉我们激烈和狂热是短暂的，很难持续下去，而要想做成一件事情，则需要长期的努力和奋斗。因此，耐心和持久就显得更加重要了。不改初心，才有可能最终战胜困难，实现自己的目标。

有人询问股神沃伦·巴菲特的投资秘诀，巴菲特微笑着回答："我人生的巨大财富来源于两个字——耐心。"耐心就是心里不急躁，不厌烦，对于现状即便有不愉快也能保持沉着与从容的稳定心态。有耐心的人，不会急于对情况或他人下结论，更不会轻易对自己下结论，而是去了解、充分学习，在过程中不断求证，以积累经验和智慧。

巴菲特的耐心体现在他投资的全部过程。如果暂时没有符合标准的投资机会，他就会蛰伏起来，耐心等待机会的出现。一旦看到好的投资机会，他就会迅速出击，押上重注。买入之后，他又以极大的耐心长期持有。

中国有句古老的谚语："冰冻三尺，非一日之寒；水滴石穿，非一日之功。"意思是说冰冻了三尺，并不是一天的寒冷所能达到的效果；水滴将石头滴穿，也不是一天时间的工夫能形成的。这当然是一种譬喻，是要告诉我们做任何事都是经过长时间的积累和付出的，我们无论是在学习、工作或是在人生的追求中，成功并不是一瞬间的功劳，而是一个长期奋斗的过程。

可是，现在的我们，在一个快节奏的环境下，急于求成的现象比比皆是。可是，我们往往忘记了，真正的胜利者，不是那些一味追求速度的人，而是那些有耐心、能持久的人。

《荀子·劝学》中说："骐骥一跃，不能十步；驽马十驾，功在不舍。锲而舍之，朽木不折；锲而不舍，金石可镂。"

沿着贵州遵义一路向西，是望不到尽头的群山。行至深山聚落处，白墙黑瓦的一栋栋屋子密密麻麻地排列着，这里便是贵州省遵义市播州区平正仡佬族乡团结村（含原草王坝村）。团结村里有座从"天上"引来的水渠——大发渠。这条近十公里的"天渠"，彻底改变了曾经闭塞贫困的村庄面貌。村民们用最朴实而又最隆重的方式，感谢他们的带头人——团结村的老支书黄大发。

在黄大发的带领下，草王坝村的村民历经 13 年的艰苦努力，硬是在绝壁上开凿出一条近十公里的水渠，并打通了 110 多米的隧洞。但由于缺乏科学的技术指导，尽管水渠完工，却未能成功引水。

13 年的努力心血似乎付诸东流，村民们气馁了，但黄大发却心有不甘，他坚信，只要有一双勤劳的手，就没有干不成的事。当年 50 多岁的黄大发没有放弃"修渠梦"。他开始四处求教，自学水利技术，一听说哪里有在建的水库沟渠工程，就赶紧背着干粮前去取经。只有小学文化的黄大发，在三年多的时间里，系统地学习了工程测量、用料夯实等水利知识，对分流渠、导洪沟的常识也有了深入的了解。

1992 年，黄大发再次带领村民扎进深山，毅然决定开工凿渠。根据工程设计，水渠的路线必须要穿越一段 500 多米长、名为"擦耳岩"的悬崖，其高度与崖底相差 300 多米。面对如此艰巨的任务，如何在这面绝壁上凿出一道高 50 厘米、宽 60 厘米的水渠，成了摆在众人面前的巨大难题。稍有不慎，便可能坠入深渊，连村里那些年轻力壮的小伙子都有些发怵。然而，黄大发那时已经 58 岁了，没有多犹豫，他带头在腰间绑上绳子，吊在崖壁上进行测量工作。长达 500 多米的绝壁，他一步步挪动，每次至少要做 50 多处的施工标记。单是这项悬崖测量工作，就整整持续了半年之久。

终于，在 1995 年，一条主渠长达 7200 米、支渠长达 2200 米的小渠竣工了。它绕过了三重大山、穿过了三道绝壁、历经三道险崖，被村民们亲切地称为"生命渠"。

黄大发，这位被誉为"当代愚公"的老人，正是凭借着自己的耐心和村民的坚持，创造了人间奇迹——"天渠"。

古语云：磨刀不误砍柴工。所谓磨刀，指的是通过改善工具等方式提升工作效率。而效率的高低在一定程度上受到精力影响，因此，有人说时间管理其实就是精力管理。什么事情都要讲究方法与策略，只有耐心地磨砺自己，才能最终获得成功。

有耐心，还需要耐心思考，想好了再说、再做！所谓"三思而后行"，这"三思"，便是告诫我们在做事前，要有充分的准备和考虑，不可盲目行动。只有深思熟虑之后，才能做到有的放矢。如此行事，方能事半功倍。

浮躁，是这个时代或社会的特征之一。现代人越来越不喜欢慢的东西，事事追求速成与高效。这种"快文化"让人没有了消化的时间和机会，使我们获取的信息或感官享受仅浮于表面，如同挖井之人，仅仅挥动几下铲子就草草收工，永远无法触及那深藏的"泉源"。

具体如何做，才能保持耐心与持久呢?

首先要不断重复。重复，是最有效的学习方式。通过反复练习，达到熟能生巧的境界。欧阳修在《卖油翁》中阐释了实践出真知、熟能生巧的道理。欧阳修通过卖油翁之口，道出了："无他，惟手熟尔！"也就是说没有别的奥妙，不过是手法熟练罢了。这告诉我们一个道理，反复练习是达到熟能生巧境界的关键。

其次，永不止息地学习。《礼记·中庸》中的"博学之，审问之，慎思之，明辨之，笃行之"为我们提供了学习的五个层次：博学，学习要广泛涉猎；审问，有针对性地提问请教；慎思，学会慎重思考；明辨，形成清晰的判断力；笃行，用学习得来的知识和思想指导实践。古人谈学习的五个方面，不管是学习书本知识，还是学习某种技能，都需要经过反复的训练才能真正掌握。

再次就是不断反省复盘。《论语》中有：吾日三省吾身。这句话告诉我们反省的方法论和重要性。要多反省，一日反省三次不如反省五次，一日反省五次不如反省七次，最好是每做完一件事就反省，月月省、日日省、时时省，这样，我们的认知水平才能不断提高升级。复盘是思维上对事件的重现，通过对过去进行回顾和反思，从而发现问题，汲取经验，实现未来的提升。反省复盘是保持螺旋式上升的最佳路径，聪明人就是在反思中调整，在复盘中进步。

的确，我们在漫长的奋斗历程中难免会感受到孤独，甚至无人理解、无人分享、无人倾诉。但请保持耐心，对于孤独的认知应是一段持久的历练，我们要珍惜这种自我独处的时刻，因为这正是认识自己、提升自我的绝佳机会。只有认识自己的人，才能明确目标，感受使命，并甘愿为之付出一切，这也是每个人走向成熟极为重要的一步。

辛勤的蜜蜂永远没有时间悲哀

　　英国浪漫主义诗人威廉·布莱克在《嘉言选》中说："辛勤的蜜蜂永远没有时间悲哀。"短短的一句，却对人生的意义做了很好的阐释。生动而形象的比喻告诉我们，一个辛勤劳作、勇于耕耘的人，他把自己的整个身心都投入到了自己的事业上，根本没有时间去计较得失。

　　的确，人生短暂，遇到这样或那样的烦忧是很正常的，甚至是一些极限的挑战；可是我们没有时间徘徊，更没有时间去胡思乱想与戏耍玩乐。唯一的机会就是把时间都用来实现自己的梦想，勤劳、努力、脚踏实地地奋斗。倘若遇到一点点挫折和困难，就一蹶不振、自怨自艾，选择逃避和退缩，那么，现实的我们就连一只小小的蜜蜂都不如了！辛勤的蜜蜂永远没有时间悲哀，它们以其辛劳的一生告诉我们：珍惜时间，活在当下，努力拼搏，不要把时间浪费在毫无意义的悲伤之中，要抓住每一分每一秒的时间，不能虚度光阴。

　　戴尔·卡耐基是美国成人教育运动的先驱，他深知人性的弱点。他曾言："要忙碌，它是世界上最便宜的药，也是最美好的药。"在卡耐基的精神世界里，唯有忙碌，才能领悟生命的意义。因为忙碌能让人精神焕发，魅力无穷；忙碌能让人变得潇洒自信，思维活跃；忙碌能让人爱别人，也能让别人爱你；忙碌能给别人带来愉快，也能为自己带来快乐。

> 人生其实很短暂，机会也不是秋天的落叶，风一吹就铺满大地。人生需要抓住黄金时光，勇于尝试，勇于进取，否则将来一定会后悔。

　　天文学家张衡说：人生在勤，不索何获。人生最关键在于勤奋，不去探索的话，就什么收获都没有。的确，人的一生在于不懈奋斗，积极求索才能获得成功。这或许就是辛勤的蜜蜂真的没有时间悲哀的根由吧。

蜜蜂是辛勤劳动者的象征，一边忙着采集、酿造、贮存花蜜，一边辛勤工作以维持整个蜂群的生存。它们无时无刻不在为建设蜂巢、饲养幼蜂和保护领地而奔忙。对于蜜蜂来说，工作是它们的全部，也是它们存在的意义，忙忙碌碌是常态，怎么可能有时间去悲哀呢？

蜜蜂在采集花蜜的过程中也会面临许多困难和风险，但是它们无所畏惧；它们深知只有克服这些困难，才能采到花蜜。它们穿梭在花丛中，寻找着最好的花蜜，还要面对风雨和天敌的袭击。当它们面临这些挑战时，难免会有一些疲惫和不安，也会经历繁重劳作所带来的身心疲惫。

是啊，辛勤的蜜蜂确实在工作中是繁忙而无暇悲哀的。在我们的生活中，辛勤的蜜蜂教给我们的经验实在太多了。成功者就像蜜蜂一样，在奋斗的过程中可能会面临各种挑战和困难，他们在工作中忙碌，在忙碌中创造，把时间都用来实现心中的信念。

时间是组成我们一生的最重要的部分，我们对时间的浪费其实就是对生命的浪费。何必把时间花在无意义的事情上呢？悲哀与否不重要，重要的是与其沉浸在毫无意义的伤春悲秋之中，不如振作起来努力奋斗，抓住属于自己的时间来提升自己，这样才能够把握自己可能遇到的每一次机会，从而实现自己的人生价值。

奔流而去的河水是匆忙的，白天黑夜不停地流；时间就像流水一样不停流走，一去不复返。有人说：工作，越忙越有精神，人要年轻、要健康，就要积极参加工作。反之，懒惰是生命之敌，一懒生百病。要使生命之树常青，只有在不断的工作中防止智力衰退，保持身心健康。俄国文学巨匠托尔斯泰说过："我若停止给自己找点工作干，那么我可能早就不行了。因为这种工作能增进我的健康，使我能睡个好觉，情绪饱满。"达·芬奇也说："勤劳一日，可得一夜安眠；勤劳一生，可得幸福长眠。"的确，这些大师们非常辛劳，勤于创作，成果丰硕，为人类留下了丰富的精神财富。

据说，美国有一位叫雷莉丝的儿科女医生，她退休后在91岁高龄时又开了诊所。经她治愈的儿童不计其数，更令人惊奇的是，她已经100岁了，仍然在她的岗位上忙碌着。雷莉丝为什么要放弃安逸、享福的生活，而选择忙碌？或许我们可以从老人的话中找到最佳答案，她说："只要有工作，我就感到其乐无穷。"

时光匆匆，如日夜不息地奔腾的河流，提醒着我们"莫等闲，白了少年头，空悲切"。在人生的长河里，我们虽无法决定生命的长度，但却可以拓展它的宽度。我们或许无法要求事事顺利，但可以做到事事尽心。而这些都能在工作与忙碌中获取和实现。相信你我也一定可以，找到适合自己的那一份简单的忙碌，让生命之树常青。

放眼世界，环顾全球，无数做出一番事业的人物或事例都在告诉我们：珍惜时间，奋发有为，生命才会充实而欢乐，富有意义和价值，从而焕发出夺目的光芒，也才不会在听"时间都去哪儿了"时感到惊心和不安，因为"辛勤的蜜蜂永远没有时间悲哀"，它们忙碌于采蜜，充实于生活，无暇顾及悲伤。

持续朝着阳光走，影子就会躲在后面

1997年，日本动画大师宫崎骏执导的动画电影《幽灵公主》中，有句经典台词："人生不可能总是顺心如意，但持续朝着阳光走，影子就会躲在后面。"

这部影片体现了宫崎骏长久以来对于人与自然关系的深刻思考。影片从人与自然之间无从化解的天然矛盾出发，通过人类自身的生存视角，探寻了人类与自然是否能够真正实现和谐共存这一命题。

　　的确，人生不可能总是顺心如意，但持续朝着阳光走，影子就会躲在后面；也不必害怕影子，因为它代表着不远处就有光明；刺眼的地方，却是对的方向。

　　宫崎骏的一生虽然算不上波澜壮阔，但是，出生于20世纪40年代的他，却亲身经历了时代的动荡与变迁。宫崎骏4岁便遭遇了宇都宫市的空袭，从那时起他就对战争充满了深深的厌恶与唾弃。

　　经历了第二次世界大战的灾难，日本国内民生凋敝，满目疮痍，宫崎骏才觉得自己的国家没救了，他的少年时代充斥着怀疑与不安，也滋生了宫崎骏乖巧与执拗共济、胆小与开朗共存的性格。据研究，宫崎骏的思想中充满了矛盾，而这一切也直接在他后来的作品中呈现出来。用宫崎骏自己的话说："创作一部动画也就是创造一个虚拟的世界，这个世界慰藉着那些失去勇气的、与残忍现实搏斗的灵魂。"

　　宫崎骏在《幽灵公主》里的这段寄语很励志：人生不可能总是顺心如意，但持续朝着阳光走，影子就会躲在后面。人生的苦难，只要熬过去了，你就会变得无所畏惧。蜕变，才能让自己强大。涅槃才能让自己重生，逆风才能让自己翻盘。人永远不要活在别人的影子里，要活出自我，而且笑容要特别灿烂，别在乎别人的指指点点，做好你自己。当你足够优秀的时候，让从前看不起你的人刮目相看，让看得起你的人更喜欢你。

　　有一个故事很值得玩味。一位卖花的小姑娘，送了乞丐一朵玫瑰。我们知道，玫瑰不仅是一种美丽的花卉，更承载着深厚的文化内涵和情感寓意。这里的寓意很明显，是表达友谊的深厚和长久。

　　善良的小姑娘送出了一朵玫瑰，代表着对朋友的关心、支持和鼓励。乞丐自然能理解，回到家后，乞丐把玫瑰插在玻璃瓶里。可当他看到玻璃瓶很脏的时候，他开始想："这么漂亮的玫瑰，怎么能插在这么脏的玻璃瓶里呢？"

　　于是，乞丐将玻璃瓶擦干净。擦完后，他环顾四周，房间又脏又乱，他又开始想："漂亮的玫瑰和干净的玻璃瓶，怎么能在这么脏乱差的房间里呢？"后来，乞丐开始收拾房间，还破天荒地去洗了澡。洗完澡，看着镜子里焕然一新的自己，乞丐想："这样年轻的人怎么会是乞丐呢？"于是，乞丐决定第二天出去找一份工作。

一朵玫瑰竟然改变了一个人，这是美与善的力量！但是，前提是这位乞丐要能够自我觉醒，有勇气去改变自己。尽管改变会是一个漫长、痛苦的过程，然而不经历这个过程，人们永远不会知道自己可以有多好。

我们喜欢向日葵，是因为花朵的明媚，一生都向阳而生。为了追逐阳光，向日葵不停地转动花茎，只为了逐光而行。这是因为向阳而生，才能更久地面向阳光，获得温暖与生长的力量。人生要逐光而行，才能尽可能地逃离阴影，缩短与阳光的距离。

一株向日葵也曾经历过无数风雨，也曾在风雨中挣扎过。但风雨过后，向日葵依然会选择面向阳光，努力生长。万物皆有灵性，小小的向日葵也懂得只要向阳而生，终有一天会迎来硕果累累的喜悦。

2011年被确诊患有"非霍奇金淋巴瘤"后，绘本作家熊顿创作了漫画《滚蛋吧！肿瘤君》。在治疗过程中，她把对抗疾病的生活变成了画笔下的素材，靠着一支笔和一本速写簿，用诙谐幽默的风格在医院开始创作，由此传递出的坚强、乐观、勇敢的精神感动了无数人。

2020年10月，根据熊顿真实经历改编的《向阳而生》正式开播。这部电视剧于2019年10月开机，一年间，全世界经历了疫情变故，在这样的时代背景下，熊顿面对病魔积极、乐观、满怀希望的心态给这个世界增加了丰富的精神内涵。

人生一世，总会有一些不如意，有的人在这份不如意中，通过重塑自我，调节自己的情绪，做一个大家眼里"自带光芒"的人。我们一同漫步在岁月的长廊，深知未来还有无数的明天等待我们去探索。自信、阳光、积极向上，让自己自带光环，也把别人照亮，活出自己的模样！

第十二章　绝处逢生，车到山前必有路

> 人生之路，攀登之旅，每一步都要勇敢踏出，方能步步为营。向山顶冲击，应持之以恒，坚持不懈。
>
> 有一种人就像一颗璀璨的明珠，虽经历了无数风雨，但仍然光芒四射。这种人的内心充满了力量，尽管外在看似脆弱，却有一颗无比坚韧的心。
>
> 生活不可能如你想象的那么好，但也不会如你想象的那么糟。我觉得人的脆弱和坚强都超乎自己的想象。有时，我可能脆弱得一句话就泪流满面；有时，也发现自己咬着牙走了很长的路。
>
> 求生欲是人的天性，处于生死一线的"悬崖边"，在退无可退的情况下，人往往能激发出强大的求生潜力，这潜力一旦爆发，往往效果惊人。

人若有志，就不会在半坡停止

喜好登山的人都知道，登山除了体力之外，最需要的就是毅力——坚持、坚持、再坚持。行走的每一步都很吃力，尤其是最后，因行至坡顶，步步维艰。然而，山登绝顶我为峰，那一览众山小的顶峰风光，岂是平地、半山腰所能比肩的？

曾经有三个登山者，相约去登一座山。他们也做好了充足的准备，去攀登一座陡峭的山峰。刚攀登上去不远，第一个人就退了下来。他说自己体力不支，知难而退了。第二个人勉强攀到半山腰，就累得气喘吁吁，汗流浃背，仰望着上面险峻的山峰，他摇摇头说，还是适可而止吧，也退了下来。唯有第三个人，目光专注于山顶，一路上披荆斩棘，无所畏惧。他向上又滑下，滑下又攀上，如此往复，毫不气馁，最终登临顶峰，领略到了别致的风景。

有人说，登山的过程就像是人生的旅程，每个坡都少不了，每一里路都短不了。在这个过程中，没有人能够替代你，没有办法可以躲避困难。人生之路，攀登之旅，每一步都要精心踏出，方能稳扎稳打。向山顶冲击，应持之以恒，坚持不懈。攀登的过程中，我们会遇到各种各样的困难和挑战。但只要我们坚定信念，保持匀称的呼吸和良好的心态，一步一个脚印地前进，坚持不懈地走下去，我们就一定会登上顶峰，实现自己的目标。

当今演艺圈，沈腾以其独特的喜剧风格和出色的表演才华赢得了广大观众的喜爱。他不仅是一位优秀的演员，更是一位多才多艺的喜剧表演者。据说，沈腾从小没什么志向，当时家里人都替沈腾着急，也不知道他长大该干什么，后来沈腾听从家里人的建议，去考解放军艺术学院。考大学之前他上过培训班，学了一些台词、声乐、舞蹈等基础表演知识。

培训之后，沈腾凭借实力如愿进了大学，开始并不出众。后来，老师让他担任表演课代表，一下带动起了沈腾的责任感，对表演也来了兴致，要以身作则完成好作业，还得帮同学们去演，慢慢地，他喜欢上了表演。他的喜剧天赋在大学时也逐渐显现出来，往台上那么一站，大家就想笑。

拥有标致的面孔、秀气的五官、清澈的眼神，有"军艺校草"之称的沈腾，在成名后不无感慨地认为，能力不会写在脸上，本事不在嘴上，脚踏实地地做事，生活不会因你的脆弱而退让。他总认为要仰望星空，也要看清前面的路。未来的幸运都要靠今天的积累，长相固然重要，但更重要的是要有好作品，否则不是沦为花瓶就是沦为"毯星"，贻笑圈内，成为圈外笑柄。

沈腾从寂寂无名到今天的知名演员，靠的是什么？有人总结出来，包括三个方面——独特的喜剧风格、出色的表演功底、多才多艺的才华。沈腾的成功给了我们诸多启示：人生的道路不会一帆风顺，事业的征途也充满崎岖艰险，只有奋斗，只有拼搏，才会到达成功的彼岸。沈腾的成功之路亦是如此，用他自己的话说：人若有志，就不会在半坡停止。

可是现实中，我们常常遇到令人困惑的现象：想要考证，结果书本还没看到一半就停止学习了；想要减肥，结果健身房只去了几天就不想去了；想要学习某种技能，学了几天就放弃了……其结果是浪费光阴，蹉跎了岁月，空悲切！

许多聪明人之所以没有成功，缺少的不是智慧，而是缺少了为成功而坚持拼搏的毅力。只有努力，你才能成为你想成为的人。现实不论怎样残酷，我们都要勇敢面对。如果我们害怕失败，就如同害怕阴影一样，那么我们将永远走不到光明之处。每一次失败，都是一次学习的机会，不要把它看作是攀登中的绊脚石，而应把它视为通往成功的必经之路。

如何才能在面对挑战时坚持下去呢？

首先要有远大而清晰的目标：远大的目标是激励自己拼搏的动力；清晰的目标，是你越过山坡的指南针；只有知道自己要去哪里，你才不会在路上迷失方向，也不会畏首畏尾。

其次，要保持自我激励。自我激励，是驱使我们前进的内在动力。即使外界的支持和鼓励不足，我们也能凭借自我激励的力量继续走下去。当然，需要开放心态学习；不论是技能上的提升，还是心理上的成熟，都是我们在攀登中需要不断学习的元素；保持开放的心态，让自己变得更加全面而强大。

最后还需要找到一个志同道合的团队。这个团队可以是亲人、朋友、导师，甚至是生活与灵魂的伴侣；他们是你攀登坡道时的支点和动力源泉。

如果你停滞不前，就是谷底；如果你坚持不懈，就是上坡。所以，无论你现在处在人生的哪个位置，都不要停下奋斗的脚步。只要你愿意一直走下去，那条坡道上，终将会出现一个全新的、充满希望的顶峰等着你。人生的坡道，不会是一条且一直向上的路，而是一条条没有终点的路。坡道有顶峰，也有低谷，关键在于我们能否在攀登过程中积蓄力量，以便每次能够重新站起来，迎接新的挑战。

天空黑暗到一定程度，星辰就会熠熠生辉

在乡村走过夜路的人，往往会有这么一种感觉，当你关掉车灯或者电筒，让自己置身在黑暗之中，此时四周一片漆黑，连一丝微弱的光亮都没有。这时，你抬头望向天空，就会发现无数星星在黑暗中熠熠生辉，它们以一种几乎神秘的方式点亮了夜空。

或许，我们身处黑暗会感到无助和迷茫；我们不知道前路在哪里，也不知道该如何前进。这种黑暗和无助的感觉，往往会让我们陷入绝望之中。然而，每当我们感到迷茫和无助时，这些星星的光芒就会照亮我们前行的路，指引我们找到正确的方向。即使在黑暗中，我们也绝不能放弃希望，因为那星星的光芒一直潜藏在我们心中，等待我们去发现和点燃。

人生如同一段漫长的旅程，自然会经历白天与黑夜的更替。当我们行走在夜色中，身处最深的黑暗时，也正是那些星辰——希望、梦想、坚持——开始发出最明亮光芒的时刻。每个人的生活旅程都不可能一帆风顺，困难和挑战如同黑夜一般，不可避免地降临到每个人身上，但正是这些艰难的时刻，赋予了我们发现自身内在力量和潜能的宝贵机会。

美国杰出的历史学家、政治学教授查尔斯·奥斯汀·比尔德曾留下一句经典格言：天空黑暗到一定程度，星辰就会熠熠生辉。"

这句话非常有哲理，当天空中有月光时，人们或许会下意识地忽略那些微弱的星光。然而，总有人像星星一样努力，而在未来的某一天，他们

的光芒必将被人们所看见。也就是说，当事情发展到一定程度，那么随着事情的发展，总会有解决的办法。并不是所有的挫败都没有意义，它也有价值和独属的风景。人不会永远处于逆境之中，希望总会在某个不确定的时刻如约而至。

　　"你跋涉了许多路，总是围绕着大山。吃了很多苦，但给孩子们的都是甜。坚守才有希望，这是你的信念。三十六年，绚烂了两代人的童年，花白了你的麻花辫。"这位被尊称为伟大人民教师的支月英，正是 2016 年"感动中国"年度人物的典范。

　　1980 年，年仅 19 岁的支月英不顾家人反对，远离家乡，只身来到离家两百多公里、海拔近千米且交通闭塞的泥洋小学，成了一名深山女教师。那里的条件异常艰苦，学校位于大山深处，偏远闭塞。村子里交通极为不便，离最近的车站都有 20 多里地，孩子们上学只能依靠双腿在崇山峻岭间爬行。山路崎岖难行，环境闭塞，食品稀缺，只能依靠农户自家种植，校舍破旧不堪，夏天漏雨，冬天漏风。很多孩子因为家里没钱在很小的年纪就已辍学，靠务农而生。

　　然而，这一切的艰难困苦并没有吓倒支月英，孩子们渴望知识的眼神深深打动了她，于是，她决定将自己的青春和热血全部奉献给大山的教育事业。从"支姐姐"变成"支妈妈"，再到"支奶奶"。她虽已年华不在，但支教的决心从未动摇，在贫困的山区里，她熠熠发光的善良与敬业温暖了整座大山，照亮了孩子们的求学之路。

　　大山深处，文化缺乏，支月英如同一颗熠熠生辉的知识之星，照亮了山里的孩子们的求学之路。岁月染白了她的头发，又无情地刻下皱纹，但那颗致力山村教育的心，却依然热烈、依然真挚。一入深山终不悔，一生只为一事来，一事坚持了一生，她真正做到了。

　　在这个世界上，有一种人，他们外表羸弱却内心强大。支月英老师就是这样的人，她就像一颗璀璨的明珠，无论经历多少风雨，仍然光芒四射。因为这种人尽管外在看似脆弱，却有一颗无比坚韧的心，他们的内心充满了力量，所以能够忍受苦难，拥抱痛楚。尽管他们内心的世界是那样丰富，却永远保持着一种超然的冷静。

杨绛，一位在文学界享有盛誉的女作家，她的一生充满了坎坷与坚韧。她出生在一个文化世家，自幼便接受了良好的教育。然而，在她年轻的时候，她的家庭遭遇了巨大变故，她的父亲因病早逝，母亲也因此精神崩溃。

后来，她遭遇了更大的不幸，曾经被剃掉半边头发，在 20 世纪那个特殊的年代，还被下放到干校种菜。面对这些磨难，她不悲愤，不忧虑，坚强地活了下来，还完成了《堂吉诃德》的翻译。再后来，杨绛一生挚爱的宝贝女儿先她而去，携手共度风雨人生的丈夫也走了，这连续的打击，让她陷入深深的孤独之中。然而，即便如此，她也没有放弃对生活的热爱和对文学的执着。

杨绛曾说："一个人经过不同程度的锻炼，就获得不同程度的修养、不同程度的效益。好比香料，捣得愈碎，磨得愈细，香得愈浓烈。"人生浮浮沉沉，生活起起落落。是啊，一个人所遇到的磨难，熬不住，就是障碍；熬过去，就是你更上一层楼的台阶。天空黑暗到一定程度，星辰就会熠熠生辉。当你感到特别难的时候，那正意味着光明就在不远处，不妨再咬牙坚持一会儿。耐住风雨，蹚过泥泞，那些考验终会变成命运的另一种成全。

> 每个人的人生星空有黑暗，也有熠熠生辉的星星，那是我们内心深处的信念和勇气。无所畏惧地行走在人生的夜空下，哪怕是至暗时刻，也没有人能够阻挡我们在黑暗中寻找星星的光芒，因为那是自己生活的光明和希望。

苦难是一笔可贵的财富，当经历了困难或挫折之后，我们可以从中学到很多东西，变得更加坚强和有信心。当我们遇到挑战时，我们不应该被困难所压倒，而是应该从中学习、成长并展现出自己的价值。即使在黑暗中，我们也可以像星星一样熠熠生辉。

当我们处于人生的夜空时，黑暗笼罩着四周，人生的理想熠熠生辉，闪烁召唤，这就是希望。当我们面临困难或挫折时，可能会感到无助和失落，但是在这个过程中，我们可能会发现自己的内在力量和优点，从而在困难中闪耀出光芒，更加坚强、更有勇气去面对未来的挑战。

人的一生，只要我们心中有光，就能走出黑暗，迎接光明的未来。让我们一起勇往直前，迎接人生的挑战和机遇吧。

常常是最后一把钥匙打开了门

"常常是最后一把钥匙打开了门。"这句话是"中国航天之父""两弹一星元勋"钱学森先生的励志名言与切身感悟。这句话富有哲理，让人联想到两个词：一个是坚持，一个是希望。我们谁没有开锁的经历？谁没有试过一把又一把钥匙的经历？每一次尝试，每一次努力，都是我们剔除不可能，从而更接近可能的过程。钱先生放弃美国优厚的待遇与工作条件，突破美国政府的重重阻挠，毅然回国，为国效力。他凭借这种坚韧不拔、开拓创新的精神，克服了常人难以想象的困难，用智慧和勤奋不断自我提升，直至取得辉煌成就。他将中国导弹、原子弹的发射至少向前推进了 20 年，为中国航天打下了坚实基础。路漫漫其修远兮，吾将上下而求索，吾辈定当自强。

我们的手中也有许多钥匙，只要一把一把地试下去，我们眼前的那扇门终将向我们敞开，这就是坚持。钥匙就在手中，最后一把准能把锁打开。或许，我们试了一把又一把，都不对，在近乎绝望想要放弃的时候，肯定有一把钥匙能打开这把锁。希望永远都在，成功可能迟来，但绝对不会缺席。

即便钥匙不在手中，也需要一把把地试，最后一把还是没有打开的时候，就要发挥自己的聪明才智去配这把锁的钥匙。或许，一把把地试有点枯燥，配一把钥匙非常难；但只有坚持下去，人生才有出现转机的时候。冯骥才说过这样一句话："低调是为了生活在自己的世界里，高调是为了生活在别人的世界里。"生活本来就是这样，低调地生活在自己的世界里，才是踏实的。

这里不得不说一个传奇人物——褚时健，他从小就帮着母亲照顾家庭，父亲早逝，为了赚钱养家，脑袋灵活的褚时健，改良了当时颇为流行的苞谷酒，不仅使用的原料少，口感还比原来更好，自家的酿酒坊很快就声名外扬，吸引了不少客人。颇具商业头脑的褚时健为日后的成就奠定了基础。

1979年，褚时健被调任到玉溪卷烟厂工作，担任厂长一职。褚时健上任后，进行了一系列革新，不仅引进了国外先进的设备，还重视烟草质量。将种植烟草的农民和烟厂进行捆绑，提高了农民的生产积极性。1987年，玉溪卷烟厂成为中国同行业内的龙头老大。旗下的品牌红塔山在1988年成为烟厂的第一品牌。

然而，人生之路并不以其设想的那样平坦，1999年1月，褚时健因巨额贪污和巨额财产来源不明罪，被处无期徒刑、剥夺政治权利终身。

2001年，七十多岁的褚时健因患糖尿病，获准保外就医。此时的褚时健，不想平庸无为地度过余生，经过一番思量，他把目光落在了家乡有名的冰糖橙上。其实，玉溪的冰糖橙品质很好，只是生产规模比较小，没有被大众发掘。褚时健心里有了计划后，接下来便是解决资金问题了。

身处低谷的褚时健，正在为资金犯愁，他不敢向人开口，一是因为面子，二是怕人家为难。关键时候，还是讲义气的朋友拉了他一把，拿着朋友这1000多万元，褚时健激情满怀地包下了一座山头，开始大规模地种植冰糖橙。

橙子栽培是需要时间守候的，褚时健并不担忧这个问题，经过 6 年的精心栽培，橙子一上市就广受好评，迅速脱销。网络化时代，新的销售通道打开了，褚时健看准这个机会，顺势将"褚橙"推销到北京、上海等城市。要说"褚橙"有多流行，就连生产橙子的本地人都基本买不到，可想而知"褚橙"的受欢迎程度了。老骥伏枥、壮心不已的褚时健抓好产品的营销关、产品关、技术关、资金关、系统关，2007 年，褚时健就还清了自身的债务，2012 年，他已经挣下了亿万元的资产。2017 年，云南褚氏果业股份有限公司成立，褚时健出任董事长一职，其子褚一斌担任总经理，分公司和种植基地则交由外孙女和外孙女婿管理。的确，人生暮年，褚时健并没有就此消沉，而是再次走上创业之路，用最后一把钥匙打开了褚氏商业大门。

成功往往到最后一刻才会呈现，此前的每一步皆为过程，谁也不知道赢家是谁；乾坤未定，你我皆有机会成为黑马。如果你正在做一件你认为有价值的事，那你就要堂堂正正地坚持下去。人生苦短，我们总要先尝尽苦，然后再享受甜。难道怕苦就不坚持下去吗？不，再苦也要坚持下去。不坚持就不会有希望，就无法看到成功。终有一天，你会找到成功的道路，你的坚持是不会被辜负的。

有着"世界短篇小说之王"之称的法国著名作家莫泊桑曾经说过："生活不可能如你想象的那么好，但也不会如你想象的那么糟。我觉得人的脆弱和坚强都超乎自己的想象。有时，我可能脆弱得一句话就泪流满面；有时，也发现自己咬着牙走了很长的路。"是的，人总是在坚强与脆弱之间不断切换。回望过去，谁不是咬牙走了很长一段路，挺不住了，便痛痛快快地哭一场，但哭过之后，我们仍需擦干眼泪继续前行。因为只有咬牙坚持，总会有一个令人满意的结果在等待着我们。

除了胜利，我们已经无路可走

"除了胜利，我们已经无路可走。"这句话出自华为创始人任正非，很快成为励志的流行语。要领悟这句话的内涵，从古至今有两个人物是绕不过去的，一位是古代的韩信，一位是如今的任正非。

为何将他们两人放在一起，因为这两位都是突破了极限、成就了伟大事业的人！韩信以背水一战而获封战神；而任正非以对抗美国的打压而成为企业经营之神。

先来看看韩信是如何背水列阵的。《史记·淮阴侯列传》中记载了这一战事："汉将韩信率兵攻赵，出井陉口，令万人背水列阵，大败赵军。""信乃使万人先行，出，背水陈。赵军望见而大笑。"这就是"背水一战"这个典故的来源。

两军对垒厮杀，韩信见难以速战速决，便率领汉军佯装败退，一直退到河边的阵地，与河边的一万军队会合。赵军追杀汉军来到河边，原想把汉军赶进河里。但他们怎么也没有想到，此时的汉军后退无路，反而个个以一当十，奋勇拼杀，把赵军打得大败。赵军一见汉军势不可当，就想撤回赵营，却发现营中到处飘扬着汉军的旗帜。他们以为汉军占了自己的大本营，顷刻间，赵军军心大乱，溃不成军。混乱之中，赵王被擒，赵军数员大将被杀，赵将李左车也被汉军俘获。

韩信看到军士押着李左车向自己走来，便快步向前，亲自为李左车松绑，把他奉为上宾。李左车问韩信："为什么要背水列阵？"韩信解释说："只有把汉军置于死地，他们才会为了求生而拼命。兵书上说的'置之死地而后生'就是这个道理。"

韩信是位军事家，他也是洞悉人性的高手；之所以能赢得背水一战，归根结底还在于他对人性的把握。求生欲是人的天性，处于生死一线的"悬崖边"，在退无可退的情况下，人往往能激发出强大的求生潜力，这潜力一旦爆发，往往效果惊人。

是的，当军队处于困境之中，不是你死，就是我活，没有退路，除了胜利之外无路可走！韩信知己知彼，明白在敌我力量悬殊的情况下，要想求生求胜，唯一能做的便是激发出每个将士的求生欲，并将这种求生欲转化为战斗力，不仅能自保，还要变守为攻，克敌制胜。他成功地做到了这一点，取胜自然也在情理之中。

再看任正非又是如何在美国的封锁中突围的。在华为食堂里，贴了一张让人泪目的宣传画。

那是第二次世界大战期间，美国记者拦住一名奔赴前线的中国士兵，与这位士兵对话。

美国记者问：你多大了？

中国士兵答：16 岁。

美国记者问：你觉得中国会胜利吗？

中国士兵答：中国一定会胜利的。

美国记者问：当中国胜利后，你准备干什么？娶妻生子还是继续参军？

中国士兵笑了笑：那时候，我已经战死沙场。

这个小战士平静回答的背后，是视死如归的坚定；很平静，很悲壮，却有必胜的意志。

"除了胜利，我们已经无路可走。"这句经典的话出自一个值得全中国人关注的事件。2020 年 5 月 15 日，美国升级了对华为的芯片限制计划，扩大了管制范围。5 月 16 日下午，华为中国在微博上再次回应："除了胜利，我们已经无路可走。"配图用了一架在第二次世界大战中历经战火、浑身弹孔累累的飞机。飞机尽管已遍体鳞伤，却依然坚持飞行，最终安全返回。图片上的文字："没有伤痕累累，哪来皮糙肉厚，英雄自古多磨难"更是对华为精神的生动诠释。

华为的业务遍布全球，其创始人任正非也频繁地在全球各地出差。无论是在中东地区，还是在对华为充满敌意的欧美国家，他都亲力亲为，心无所惧。企业的发展，如同个人的成长，在遇到困难时，一定要行动果断，目标长远，不被眼前的蝇头小利所诱惑。逆境中的华为不自卑，不自责；成功的华为不自傲，不自大。

"除了胜利，别无选择"不仅是他们的一种信念，更是他们的一种决心。因为他们能够更加坚定地追求胜利，勇于不断挑战自我，直至迎来最终的辉煌。

每一个时代都有各自的鲜明特点，每一代人也都有自己的价值观和世界观。我们要胸怀世界，积极迎接全球性的挑战与问题。在解决难题、应对挑战的过程中，提升自己的视野和胸怀。最优秀的人解决最大的问题，真正的人才不愿在平庸、安逸、缺乏挑战的环境中虚度光阴。我们还要坚韧平实，不浮躁、不急切，愿意一步一个脚印地迈向成功。一夜暴富、一夜成名，只是虚幻的梦境，要切记——一个人的心态浮躁只会成为成功路上的绊脚石。我们更需要工匠精神，洞察新知识并与时代同步前行。在当今大变革的时代，唯一确定的就是一切的不确定性和未知性，我们只有不断学习、发现、认知和理解，才能驾驭这个日新月异的世界。

"青年兴则国家兴，青年强则国家强。""青年一代有理想、有本领、有担当，国家就有前途，民族就有希望。""中国梦是历史的、现实的，也是未来的；是我们这一代的，更是青年一代的。"绝处逢生是智慧，车到山前必有路是自信。历史赋予了我们使命，时代赋予了我们机遇，我们必将创造出无愧于这个时代的辉煌篇章！